图解都市空间构想力

［日］东京大学都市设计研究室　编

［日］西村幸夫

［日］中岛直人

［日］永濑节治

［日］中岛伸

［日］野原卓

［日］窪田亚矢

［日］阿部大辅

执笔

赵春水　译

江苏凤凰科学技术出版社

图书在版编目（CIP）数据

图解都市空间构想力 / 日本东京大学都市设计研究室编；赵春水译. -- 南京：江苏凤凰科学技术出版社，2019.3
ISBN 978-7-5537-9805-9

Ⅰ. ①图… Ⅱ. ①日… ②赵… Ⅲ. ①城市规划-建筑设计-研究 Ⅳ. ① TU984

中国版本图书馆 CIP 数据核字 (2018) 第 257902 号

江苏省版权局著作权合同登记 图字：10-2016-526 号

"ZUSETSU TOSHI KUKAN NO KOSORYOKU"

Copyright: © Urban Design Lab, The University of Tokyo 2015

All rights reserved.

First published in Japan by Gakugei Shuppansha, Kyoto.

This Simplified Chinese edition published by arrangement with Gakugei Shuppansha,
Kyoto in care of Tuttle-Mori Agency, Inc., Tokyo

图解都市空间构想力

编　　　者	［日］东京大学都市设计研究室
执　　　笔	［日］西村幸夫　［日］中岛直人　［日］永濑节治　［日］中岛伸
	［日］野原卓　［日］窪田亚矢　［日］阿部大辅
译　　　者	赵春水
项 目 策 划	凤凰空间／陈舒婷
责 任 编 辑	刘屹立　赵 研
特 约 编 辑	李雁超

出 版 发 行	江苏凤凰科学技术出版社
出版社地址	南京市湖南路 1 号 Ａ 楼，邮编：210009
出版社网址	http://www.pspress.cn
总 经 销	天津凤凰空间文化传媒有限公司
总经销网址	http://www.ifengspace.cn
印　　　刷	天津久佳雅创印刷有限公司

开　　　本	710 mm×1 000 mm　1/16
印　　　张	17.25
版　　　次	2019 年 3 月第 1 版
印　　　次	2019 年 3 月第 1 次印刷

标 准 书 号	ISBN 978-7-5537-9805-9
定　　　价	98.00 元

图书如有印装质量问题，可随时向销售部调换（电话：022-87893668）。

前　言

一、混乱的日本城市空间

经常有人说日本城市在视觉上好像杂乱无章且没有任何脉络可言。确实如此，当你下车后无论从哪个车站出来，周围似乎都是相同的商业楼，马路两侧的风景也让人感觉不到什么特色，不得不说哪里都差不多。

可是，当回顾城下町和宿场町等时，由于大半的日本城市是依规划建设出来的，所以这些城市并非完全没有秩序。此外，在地形极为复杂（有山川、河流、高地、山谷等）的日本，即便是自然生成的小规模集落，至今也还是保存着毫无设计感的聚集选址和道路设置方式。在日本人的感性方面，传统浮世绘中描绘的风景表达了日本人对八景的热爱，他们绝不会忽视风景之美。

那么，为什么明明认为应该使用适合的设计意图来支配日本城市空间且能够感性地鉴赏日本城市空间的日本人，会设计出看起来如此杂乱无序的城市风景呢？将其原因概述如下：

第一，由于地面之上的建筑物发生较大程度的改变，已不能感受到建筑物所表现的地域特点。在战争爆发和城市高度发展等社会因素，与顶着被取代压力的高大木质建筑物等物理因素的相互冲击下，不得不说产生了缺少建筑物记忆的城市风景。

尤其是战后出现了住宅等作为商品买卖的现象，缩短了建筑物的寿命，恶意并大量地建设奇异造型住宅，可以说区域的整体协调并未实现。

第二，由于日本城市大量使用木质材料，容易引发火灾且必须定期维修建筑物，故对其外形变化比较宽容，此外更重要的还有尊重纯粹的日本文化的原因。对于石材和砖瓦文化，能去探求建筑物消失的场所及痕迹，可由于日本大量使用木材，所有的建筑都要逐一重新整修，延续过去的建筑形式并非易事。

确实，城市的历史更容易在使用石材和砖瓦的建筑物中留下印记，更利于后代解读城市历史，而在使用纸和木材建造的日本城市中，可以说很难去依靠建筑物去理解城市历史。

另外，直到近世末期，马车等交通工具还尚未广泛运用，城市当中形成大规模步行人群。而到了近代，随着交通工具的传入，顺应其发展必然要实施大规模的街道改造。

除此之外，还有多个日本城市毫无个性的例证。

二、从城市构造来看城市空间的"意图"

然而，我们不应停留在城市建筑物这样的表层上，而应踏入由建筑物组成的城市构造内部，试着去注视和反思真正的城市空间，从街道微小的转弯处到大城市的轴线，在各种尺度规模中发现被喻为形成城市空间的"意图"。

尤其是日本国土，或有小山脊和山谷交错，或与海岸线相接等，富有各种细微丰富的地形。在气候环境影响下，从寒雪地带到亚热带，各种气候广阔分布。存在常有台风登陆的地区，甚至有海啸等恶劣天气，天气可谓是变化多端。每个城市和集落，从布局到细微的街道路线，为了顺应这种外部环境，它们的形态都被限定，其中可以发现城市空间的构想力和想象力。

通过向下重新观察城市空间，可以接触到城市设计的原始形态，不！倒不如说日本城市空间中浮现出了设计的"意图"。地面表层建筑的鱼目混杂冲撞着人们的视觉，但其实，人们却忽视了日本城市空间所具有的丰富构想。这是我们东京大学都市设计研究室的一个出发点。

只是，无论是城市还是集落，由于岁月变迁积累了多种改变，所以解读起来实属不易。有必要通过深度观察和走访并非毫无个性的城市、倾听当地人的声音、亲身体验日常和非日常的生活，来深度理解地域特点。通过这些调研，当发现眼前的城市空间所具有的"意图"时，我们就能看到其中的意义。

三、城市设计的出发点

作为城市设计的出发点，虽然构思巨大的土木基础设施很重要，可与之相同的，不！比它还重要的难道不是仔细解读迄今为止实际的城市空间所保持的空间品质，用现代的视点来接受和继承，连同地域性传递给下一代吗？我们抱着这种意识来支持、援助日本各地的城市建设，在实施调查项目的过程当中，发现了具体的城市空间中每个部分所具有的空间设计方面的各种对策和意图，并从解读这种对策和意图中进行针对地域个性的抽象总结工作。

这项工作原本没有终点，从现在开始，暂且从目前从事过的领域中获取的城市空间构想力的视点来重新反思城市。因为我们认为通过与外界共享这种见解，会总结出对于地域视野的平缓包络线，会产生统治地域的一种共识，并使得两者相连。大部分场合，城市设计应该在这种共识的延长线上发展构思。

而与之同时，撰写本书也确立了我们城市设计研究室，常年实施的项目调查工作在实践方面的理论化以及学术化基础。

与其认为城市设计的作业确实并非此时间点该结束的事情，倒不如说这只是一个小小的出发点。我们在等待着之后称为创造性的飞越。由于时代变迁，超越过去的构想力的必要结果不会减少。

只是，至少我认为从原点出发是正确的，关于应该向着哪个方向、以什么角度来实现创造性跨越，且这种跨越何时被认为不合时宜等问题，在某种程度上我们持有共同的判别意识。

四、共同作业的成果

本书中介绍的原有城市空间指的是除了与城市设计研究室这些专业领域相关的场所之外，还包括每位执笔者作为设计师所经历的空间。只不过，其中由每位设计师经过长期的团队合作经验中积累而来的大部分观点和解读出的大部分具体化空间意图等，与其说来自于个人，倒不如说是大家共同的工作结果，是共同思考后产生的共识。本书的图纸中也包含大部分成员共同作业的成果。调查成果的出处和当时的作业成员一览请见本书最后部分。

在此，对调查之际在各个施工现场亲自接待我们的当地人员以及自治体的负责人等表示诚挚的感谢。对于长期给予我们写作工作关怀的以前田裕资社长为代表的学艺出版社表示衷心的感谢。

西村幸夫

目　录

绪　论
城市空间的构想力是什么

说到底，城市空间这种涉及三维物理化实体具有诸如称作构想力的意识吗？看到"城市空间的构想力"这个标题，大部分的读者一定会感到疑惑。

虽然通常将"城市空间的构想力"认为是在城市空间投射出的某些人群的构想力，可将悠久的历史中产生的某些城市空间认为是某些特定人群所构想的结果，这似乎脱离常规。

当然，城市中也不是不存在使用明确的设计意图而设计的空间，但这属于例外。

然而，我们在本书中，敢于表达"城市空间的构想力"的存在。

城市空间作为通过无数主体在历史中的积累而传至今日，是在其场所中与空间相关事物的总体。

在各自的场所，无论在何地，由于地形特点这样的固有特性，可以说各个主体的每个与空间相关的事物都具有一定的方向性。

对于形成限定城市空间的地形、街道的历史、地区的范围、城市生活的被称作细节技巧的共有课题，每个时代的人们各自的判断力居然存在某种共同性，这简直不可思议。

城市空间中没有自然发生的事物。无论看似多么自然的空间，仔细观察都能发现其中积累的细致意图。

这种积累被看作是集合化的"意图"，但这绝非突发奇想，而且在其根源当中，必然存在形成现今城市空间的构想力。我们认为城市空间当中表现的构想力会成为大众瞩目的焦点。

一、解读城市空间构造背后所存在的构想力

无论在看似多么杂乱无章的城市空间中，其场所都存在固有的空间语法。随着大部分人在与城市发生关联的过程当中，解读这种语法只会变得更困难。另外，更加深入探索城市空间的话，还会发现其中存在通过这种语法去表现的、应该被称作空间"意图"的诸多事物。通过解读城市空间具备的这种构想力，能够预判今后城市的样貌。

1. 无名的风景中也存在"意图"

请看图 0-1 中的鸟瞰图。到处都能看到城市混乱的轮廓。其中能看到东京巨蛋这种别致的建筑物，但在此图中希望人们注意的是近处的这些建筑群。

图 0-1 本乡 5 丁目周边

透过东京大学都市设计研究室的窗户看到的便是本乡 5、6 丁目的风景。眼前的建筑群毫无秩序可言。然而，每座建筑物都有其存在的缘由，道路网中也存在随着江户老城区的时代变迁而改变的故事。如果将其作为它们成为集合的原因，其中能够发现在一定构想力的结果之下形成的城市空间。

自然发生而聚集的建筑群、毫无特征的密集街区地带、完全没有命名且毫无秩序的住宅用地的典型、没有任何纪念意义的以平板建造的杂乱城市风景——这些表现形式有哪个是完全相衬的风景呢？

图0-1是偶然在东京市文京区拍摄的，这是本书的执笔团队经常看到的风景，并无其他用意。这种无名风景，正因为有了高度差，才在任何角度都能看到日本城市。

也可以用亚洲地区的多样性、复杂的季风气候等之前介绍过的各种原因，来委婉地解释这种情况。

然而，无论站在哪种立场，这种风景必然会出现，从此处所言及的没有积极性意图的含义来看，大家对于这种风景的解释可能不尽相同。

但是，本书想要明确的是与此完全相对的"事实"，即这种无名风景中存在意志、企图和故事等"事实"。另外，我们认定这一"事实"作为资本反而有复苏城市风景的可能性。

请试着想一下，每座建筑物无论是木造住宅，还是钢筋混凝土结构的住宅，应该根据手头的经济情况来核算，在得到的地块中实现每个人心目中的建筑。

即便是待售住宅，其中也一定存在买卖的理论。作为妥协的产物而被建成的建筑物中，也一定存在对应的妥协理由。

即便拥有不同的时代背景和不同的经济条件，各个建筑物根据土地的地势和时代的变迁，不断地谋求针对各类问题的解决方式。

如每一扇窗户映射出的一家团聚的灯光中有着每家每户不同的剧情一般，每一座建筑中也会传达出即便微不足道也还是存在的故事情节。

每座建筑的内部都存在各自的故事。这些故事也许并不存在清晰的脉络，而是作为整体而共同演绎，这其中难道没有流露出时代的精神吗？

至少在关于地形的解决方式和周边社会环境的变化对策中发现了某种特定的倾向，这不能说是凭空想象出来的。

进一步说，每一条道路都在诉说着情节。

无论是自然发生还是计划之内，道路有着各自衍生出的属于自己的情节。蜿蜒曲折的道路形态中一定也存在由于原本地形或受到以往土地使用情况的影响等与之对应的理由。

纯属偶然且完全没有任何脉络的道路也肯定存在。在每个时代中从各自固有的时间中开拓的道路随着时代的积累沉淀，互相影响而形成网格，随之继续发展。其中一个断面——用现代来剖开的一个断面，正是我们看到的宽阔的道路网。

即便被当作自然产生的道路网，也应存在道路网形成的故事情节。过多的事件错综交杂，只会使理解风景的故事变得更困难。

平日里，我们并没有在现代以外的层面见过道路网。通常以我们眼前的道路网为前提条件之外的选项都不现实。

但是，比如从设计者和施工者的角度来看这些司空见惯的道路，或许完全不同。

每个时代相继重叠，意味着道路网被视为构想出的空间和时间的集合。

这样一想，就可以解答土地中深奥的"意图"了。一旦理解了土地的"意图"，就能解读出其中"活用"的战略。

先前，用双引号来表示"事实"，是为了传达我们司空见惯的风景背后存在"意图"，是为了传达此主张附加的双引号。

这种"事实"背后存在的"意图"形式，即双引号的意图——结果会产生故事，之后开始使用——能够解读文脉中城市本身具有构想力这种说法。

2. 城市空间内部潜在的构想力

重叠积累的"意图"被编排到城市空间本身之中，这可以理解为共同意志，我们想要表达这种意志的存在。

这也可以说是空间的修饰。城市空间中有某种称作语法的法则，这种文体中，其各自的城市空间被有"意图"地分配其中。

城市是在自然地形之上形成的容器，因为这也是乘载着人类群体的容器，所以自然会存在语法。这是因为不会存在与人类的身体和行动不相吻合的空间。

通过一定的语法所论述的空间语言被"意图"笼罩。这样的"意图"与一定的地形、历史还有当地的生活风气息息相关。

城市空间自身就存在构想力。

我们的工作是揭示出城市空间内部潜在的构想力，向读者提出城市空间中各种各样的故事集合。我们希望通过这种方式来向读者展示，根据这里所说的"事实"的沉淀能够形成的城市空间，即从细节来解读城市空间的可行性。

通过这项工作，我们仿佛看到了城市空间具有原始构想力一样。能够从墙缝窥视这种构想力的状态的全景，简直就是城市空间的"博物志"。

这种超越了单纯的"事实"的集合，能够鞭策具有某种法则以及在此法则之下存在特有"文脉"的我们。

然而，本书中我们的目标是宏观地展望城市空间，通过探寻这种文体，来展示本质中存在的称作城市空间构想力的力量。

3. 从城市空间到城市设计

即便在城市空间本身发现了构想力，借此"事实"为基础是特意编著此书的目的吗？或只是因为作者们过度思考吗？——原因不仅仅是通过阐明城市空间中内在的构想力来更好地理解城市空间的形成，还能发现使城市空间向更好的方向发展的契机和可能性，这也是原因之一。

城市空间中一旦有事物介入时，通过正确理解这里所谓的城市空间构想力，就能够使作为主流的超越个人意志的城市设计成为可能。

通过这种行为的积累，城市空间的构想力便成为自我实现。

原广司曾针对自然发生的集落所具有的惊人且谨小慎微的设计"意图"提出如下内容。

"集落虽然通常被认为自然形成，然而从集落的要素以及通过分配这些要素所决定的基本形态，到认为只是偶然形成这种基本形态的细节，事实上还有很多人认为集落的形式被高度化设计过。"（原广司，《集落100》）

在此，我们希望尝试的是，将解读尚未受到现代影响的传统集落中的设计"意图"这一视点推广到近现代日本城市，在看起来极其混乱的日本城市中，重新拾起城市动态中难以看到的空间"意图"及空间修饰。

通过真诚地倾听土地的声音、亲身感受场地的光线，我们渴望重新发掘日本城市空间的根源。

明确城市空间构想力的解读方向，自然会指明城市空间今后应该前进的方向。因为我们相信这项工作将成为新时代日本城市设计的基本工作，成为城市设计所依存并成立的目标。

二、解读构想力的 6 个视点

本书采用每两章相互对应的形式，共计 6 个章节。第一章和第二章是在选定地区或其体系下构想城市时，分别从外部因素和内部因素中发现的事物。第三章和第四章论述了关于个体和整体的关系。前四章从静态的角度论述，与此相对，第五章和第六章是从城市是产生事物或者承载事物的容器的动态角度来论述。

1. 规划大地（第一章）

（1）规定了城市选址的大规模地形

城市并非是在地图上描绘出的那样抽象地选址在平坦的平面上。城市是在由沙土和岩石组成的满是尘埃的土地之上建造的。

而大多数场合，城市地块由小山丘和葱郁的森林、蔓延的河流及低地延展开来，且大部分都离山很近。在地形多山且平原稀少的日本，城市或集落自古以来就是依存这样的地形形成的。

东京市也是其中从西侧延伸出的舌状高地之一，麴町高地的顶端部分因江户城的环形界定而众所周知（图0-2）。

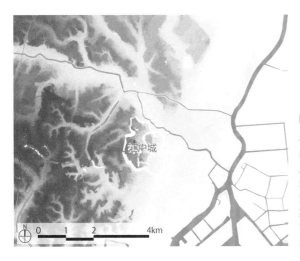

图0-2 东京的地形

在东京地形中，观察江户城内外环城河的话，能看到江户城像丘陵一样位于麴町高地的顶端。东侧的沼泽地位置的大半区域是16世纪末期填充而来的。世界范围内首都中重要区域曾是大海的只有阿姆斯特丹和东京。

即使观察现在的皇居周边，东侧的圆形内侧和西侧的番町、麴町甚至存在约30 m的高差。这里是武藏野洪水冲击高地和利根川冲击盆地的交接点。为了连接两地，北侧有九段坂，南侧有三宅坂。即九段坂和三宅坂是间接体现出东京选址"意图"的坡道。

同时，我们能够发现从山顶眺望富士山、筑波山以及向丘等地的视线通廊和眺望大部分寺院的通道等，成为规划道路轴线的重要依据，是地形规定了城市形态的地域。

这当然也完全适合东京以外的城邑，如宿场町和寺内町这样的城市规划。进而言之，即便是在自然产生的乡町和其他集落中，其选址也是依据地形而定，这一点绝不会改变。

山坡、山谷和山边道路的存在也很普遍。例如，集落会像河流自然堤防那样选在地势较高的地块，这源于以往为了抗洪赈灾保全平安的人民智慧。由于水资源及物质资源丰富，为了找寻对抗天敌且易于防守的地块，很有必要去细致地考察周边环境、参阅历史遗迹。

在地形起伏复杂的日本，存在很多封闭空间，可这些空间的可视范围一旦超越了防守意图，大部分场合下，不难想象这样会导致政治性甚至宗教性的敏感问题。

此外，以能眺望远处山脉为目标而形成的聚居集落，即依存神灵而形成的地形地物使得城市构造富有意义。

这一章通过以上内容，来深究日本城市灵活运用地形褶皱而形成城市空间的构成法。

（2）汇集部分的城市和以部分为基础的微地形

日本的大部分城市归根结底并不是由单一构想来统一整体设计的。单凭城墙包围，内部由核心地区和广场还有林荫道组成的单一的构成原理是无法支配的，城市并非由单一"意图"形成。

在此之上，日本城市由于没有围墙，城市和农村的交界很容易变动。另外，城市内部也在大部分情况下顺应地形而分为多个部分。这使得日本城市的形成更难以理解。

然而，这与混沌是两码事。成为絮状形态，就像上田笃命名的"葡萄城市"那样（上田笃，《城市和日本人》《日本人的心和建筑历史》），城市是作为独立的小领域房屋集合体的形态。

"葡萄颗粒"中小的独立单位就是街区。街区是城市管理及统治的单位，同时也是自治体的最小单位。这种街区的单位在微高地、微低地、山谷等微地形的褶皱中聚集。

口本城市由小的街区集合构成，微地形中配置了多个街区。在现代，一到傍晚，木造住宅的门窗就关闭起来，每个街区犹如一个个孤立的小岛。

反过来讲，现代城市的形成也确实是一个通过直线形的宽阔道路来隔离这种封闭构造的过程。

现如今，仔细观察被隔离的"葡萄小屋"，确实能够发现小型的自立地区单位。详细解读微地形与解读分散自立型日本城市的构造息息相关。槙文彦等人在《若隐若现的城市》中就有对这方面内容的研究。

（3）解读以微地形为基础的城市空间"意图"

不过在大部分被细分的住宅所覆盖的现代城市当中，亲身感受微地形都变得困难起来。我们去试着感受坡道和山丘这样微小的存在，还有河流曲折的变化，试着去使周围景色的微妙变化逐渐明朗起来。

此外，与回顾土地历史相比，也许还能重新追忆现今难以看到的空间文脉。

通过这些工作，我们希望表达出地形对城市微观宇宙的制约。

另外，从坡道的线性、山谷和丘陵地形的土地利用状态中也能看到人们在各个地点所下的苦工，但这很少会成为固有地域景观的基础。与其说葡萄城市所依存并成立的微地形只是事先就有的既存条件，倒不如说是在存在微地形这个条件下产生的城市空间的重要媒介，同时也是城市的构成要素。

由地形限定的微观宇宙，产生了像"葡萄小屋"般汇聚的日本城市。

限定了城市用地并作为土地形式的地势与将城市分为无数小单位的微地形产生的情况相互碰撞，两者共同决定了城市空间。

城市就是这样在土地上形成。

2．规划街道（第二章）

（1）构造城市街道的"意图"

地形不只是土地的坡度。通过穿行山脊道路、配置山谷道路，宽阔的地形逐渐被人知晓。这是因为根据街道，可以使地形构造化。宏观地观察街道，我们能够发现其中存在着城市内各地区的构造以及在城市中发挥着产生文脉的作用，而且构造化的状态原本就具有某种"意图"。

例如，如何通过主干道，如何设置以往被称作公告处的主要十字路口，如何在既有的城市中插入新的街道，车站和主要广场、街道如何互相交合。

通过这些设计行为，来实施如何"演绎"道路的片段，以及如何使这些片段象征化等更深层次的工作。

（2）传达网格模式的空间构想所具有的"思想"

从希腊、罗马的古都时代开始，世界范围内就存在各种格子状的道路网。中国古代都城和西班牙的殖民城市也建立了网格。美国现代城市彻底的网格模式，日本人也早已耳濡目染。

不难想象网格模式作为城市的街道模式，这是在古今东西方最为普遍的模式，容易测量且容易识别，并能够广泛指示方位。就土地交易技术方面的便捷而言，网格也很占优势。

此外，无意识、无底线且机械单一的道路模式与地基之间毫无关系，网格中的道路总会给人留下这种印象。

然而，网格并不只意味着城市建设方面的技术法则。更不意味着城市建设的便捷性——网格是一种传达"思想"的手段。

回想起平安京采取坊条制度和条里制度的土地，能够明确"网格"是表现以时间为支配力量的政治性装置。

此外，还存在像巴塞罗那新街区和美国开拓地网格这种物理化表现自由平等"思想"的道路模式。网格也在封建制或"道路的限制"（勒·柯布西耶著，坂仓准三译，《光辉的城市》）中意味着解放。

设计了印象化的巴塞罗那网格模式的土木工程师塞达是"城市设计"一词的创造者。

表示城市开发、城市设计的西班牙语"urbanización"在塞达的著作《城市设计的一般概论》（1867 年）中被首次使用。这个单词受法语影响而变形为 urbanisme，并逐渐在世界范围广泛使用。城市设计这一思想，成为构思网格模式的土木工程师脑海里的胚胎，这一事实具有暗示意义（图 0-3）。

另一方面，网格根据规模变化其意义也会发生改变。垂直相交的道路所

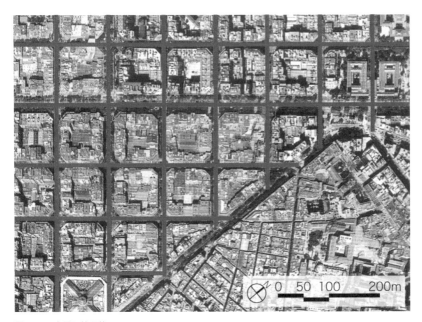

图 0-3 巴塞罗那的网格

赛达构想和实现了巴塞罗那的网格。包围旧市区（右下），呈现了另外一个世界。道路宽度为
20 m，街区一边有 110 m 有余。有街角的街区层出不穷。赛达预期只在街区的两边规划建筑物，
实施的过程中形成了建筑物以"口"字形包围的形态。

分割的街区规模是主要道路的配置结果，同时也是设想了每个用地单位且相
互重叠累积的结果。关于各个用地单位中建筑之间如何排列，这恐怕也需要
重新去设定。

也就是说，街区的规模表现了其中什么样的城市建筑会积累出构想城市
空间的"意图"。塞达在巴塞罗那的网格中设计了建立住户群的独立配置。

网格的用途并非用于打开空间使空间均质化，而是为了根据不同情况来
区别各个场所，用于使空间个性化的手法。

例如，在日本全国范围内，据说"红灯区"和酒吧区网格就存在这种"意
图"。"红灯区"中形成网格，通过配置普遍意义的城市空间以及控制距离、
缩窄入口、使轴线交错等手法使异次元空间在同一城市里并存，这样的网格

也备受瞩目（加藤政洋，《红灯区——异次元空间的城市史》）。

（3）街道形成的历史使地域结构化

只靠几何学来划定的区域并不是街道的形态。我们同样能够解读历史街道的形成过程。

例如，山路与谷道、旧路与新路、主干路与辅路、大街与小巷、干线与胡同、高坡与低地等，并不缺少像这样成为相对形态的街道来表示地区地形条件和历史性变迁过程的事例。这不仅是自然形成的街道网，同时还一定能够解读出使地区构造化的街道网中存在的构想力。

（4）作为产物的街道空间

之前的论述是从以空间中设计街道为缘起的构思出发，而另一方面，还存在以下看法，即通过街道而生成一个空间，再通过其连带和累积而产生出一个城市。"Street"表示"从街道上建筑物的视角看到的通行空间"。接下来想谈谈关于"street"产生的构想力。

"Street"来源于拉丁语中的"strata"（被铺设的道路）。意思是城市中的道路，即街道上的事物。因此，"street"在大部分场合中有铺装在街道两侧的建筑物，形成街道历史的意思。即这是由建筑物和路面包围的三次元空间。

对此，"road"有更为广泛的意思，大部分场合下，表示连接城市之间的道路。这里没有明确的三维空间印象。日语的道路，就是道路的意思。

"Street"，即街道，如果没有建筑物就无法成立。设计一条街道指的是构想立面上延伸的三维街道空间。另外,建筑中当然存在正面和侧面以及内面。因此，街道中既有大街也有小巷。街道必然会反映出城市构造。

3. 依存于细节（第三章）

（1）大构图与小意图

除了奈良、京都古代道路和中世纪起源的镰仓市若宫大道、札幌市等现代建成的部分道路，日本不存在直线贯穿市中心的道路。恐怕是因为在中世之后，这种向心性并没有成为城市的必需因素，也不存在能够阻止直线道路产生的"强权"。

另一方面，撇开政治因素来审视这一事实，日本的城市空间理论如同褶皱一般在每个场所都很完善，能够展现出其各自重叠之后所产生的物理空间的状态。

作为多山国家，能够一目了然地统筹宽阔的平地的做法有其局限性。甚至沿着平缓的山谷和曲折的河流，自我守恒的小宇宙到处存在，以此连接起来所形成的城市空间普遍存在。甚至这种地形特点可能会影响到政治——如果想要纵观全景，人们必须自行移动。

在城下町，以天守阁或山顶的观景塔为目的的道路模式众所周知，但却不存在能够直视对象并直达的道路。途中的道路迂回辗转，要穿越几层才能到达。支撑大构图的细节很重要。

西欧的城市构图，为了能够鸟瞰全景城市而重点描绘了总体轮廓，这与以名胜景点为组成部分的集合作为象征的日本城市构图形成对比。即使描绘出城市总体，也是像洛中洛外图那样每个场面都能够移动视点，细节之间相互重叠。

地区水准的小"意图"，在每个地区所重叠的大构图中被细分，比起构筑整体的构图方向，倒不如进一步钻研细小的部分，使其合并，向着同一方向发展。

（2）由部分确立的远近法则

这在古今东西的视觉远近法则的差异中也能体现出来。在西欧文艺复兴时期，针对性地提出所谓的现代化透视图，日本直到现代的摇篮期，还有多多少少来自中国的高远（像从山脚下仰视一样，距离远的事物描绘在高处）、深远（像从眼前的山谷看里面一样，从中间开始后面的事物越来越小）、平远（像从距离近的山峰眺望距离远的山峰一样，使距离远的事物平行，按照顺序描绘）的构图法则，这种"三远"的远近法则在世界范围内消失。"三远法"的每个对象都呈层状存在，对象的相互关系以重叠方式的表现而简单化。此外，该方法还切断了与观望这些事物的主体之间的关系。

这种空间的认识构造正是掌握了大城市构造的要领。

也就是说，在作为象征着"三远法"的构成要素配置的空间论的影响之下，城市的空间构造被重叠化、部分化。各个空间为了在细节中贯彻其意图，地区之间会更大范围地使主要地形轮廓中的空间组合平缓相连。

日本大半的城市空间中，与易懂的细节理论相比，全景图不易解读肯定有以下原因。即公开描绘全景图之前，强调部分与部分重叠而成的多层褶皱一样的细节，就是日本城市空间的特征。

例如，现代的木造住宅和大门处都设置了关闭装置。这些细节手法的总体才是城市空间的全景图。

从这种城市空间的修辞学中，若要描绘出明天的城市空间，就必须自问现在固定下来的部分是什么。

如果难以观察部分的形态，就必须提出再构筑部分形态的理论。首先要持续构思与地域相关的所有设施，这必须从地域这一部分来着手。

（3）使整体构图内部化的个体

由于不存在没有人类居住的城市，毋庸置疑每个住宅和工作场所等单体建筑都是城市的基本构成单位。

然而，只是由建筑单体聚集的巨大集合也无法形成城市。为了使建筑物的集合体形成城市，必须通过连接中心和周围网络来构造空间整体。建筑物个体与城市整体之间具有明确的本质性跨越。

即便试着去思考住宅这样的建筑单体，其中所蕴含的功能也极具多样化，可以说将其统合成一个空间系统的程序就必须要经历类似的跨越。

这些全是自古以来的说法。在 15 世纪意大利文艺复兴时期出生的天才阿尔贝蒂离世之后汇集出版的《建筑论》（1485 年）中，有"家庭是一个小城市，城市是一个大家庭"的论述（L·B·阿尔贝蒂著，相川浩译，《建筑论》）。

现今见怪不怪的现象中真正意图是个体就是整体的相似体。例如城市整体具有自律性，建筑单体也同样如此。另外建筑单体通过自行支配的事物，来规划整合建筑的街区，成为城市安定的构成要素。

具体来说，在具有中庭的城市型建筑中能够发现这种典型性。不论古今东西，中庭型住宅在世界范围内存在。无论哪个中庭方向只要对着卧室，外部就会选用封闭的围栏围护。在确保住户自律性的同时，具有不依存方向，为了集体居住而聚集的城市型住宅功能。虽然在周围环境中作为个体而封闭，却能够确保群体的整体性（图 0-4 ～图 0-6）。

（4）现代生活个体与整体的和谐关系中的破绽

然而，这种个体能够原封不动地组合成整体，在某种意义上存在和谐关系，可如今也走上了破绽百出的歧途。

在建筑材料的多样性、建筑物平面中充满无数种可能性且生活方式激变的现代，难以寻求个体之间存在的某种先天和谐的均质性。在这种条件下，若本着建筑物在地块内发挥最大功效的目的，整体就会陷入混乱。在此之上，每个建筑单体表现出自己的个性和独创性。

另一方面，从整体方面来看"大家庭"会使城市功能过于多样化——在这样的时代下，能够再次讨论是否可以构筑足够的个体与整体的关系？具有整体构想的个体在现今还有存在的可能吗？即便有这种可能，是否能够在我们日常生活的城市空间中发现呢？

（5）再次构筑个体与整体的关系

通过从建筑物单体到城市整体的视点来探索当今的日本文脉，首先能够列举出的是应对大规模开发的方式。因此说为了将大规模用地埋没在城市文

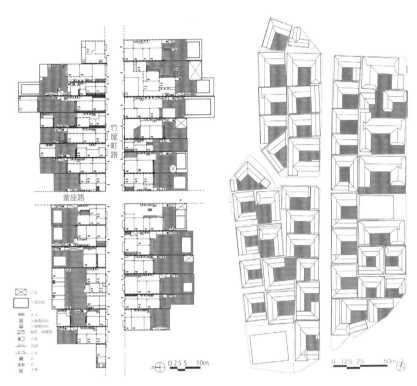

竹屋町路

釜座路

图 0-4 京都的町屋和中庭的关系（以《图集
日本城市史》为标准作图）

图 0-5 首尔北村的韩屋（以首尔市政府资料
为标准作图）

两者都发挥了中庭保障城市住宅环境的功能，日本的町屋是中庭作为私有空间而沿着公共空间相互
对比，而首尔的韩屋中，主要的开口部位都开在中庭。

图 0-6 首尔北村排列着韩
屋的街道

与排列着日本町家的街道不
同，通道是封闭式的形态。
即便都是具有中庭的安定的
城市型住宅，与日本的风貌
却截然不同。

脉中，将空白的空间与周围环境融合变得尤为重要。

但是，大规模开发不一定要据此来考虑。甚至就大规模用地以整体作为建筑空间的技术构架或以中庭为解决方式的案例有很多。以超高层基础构造的大型中庭作为 20 世纪后期的城市中心的建筑模式很普及，这便是现状。

也就是说使作为个体的单体建筑城市化，即通过整体化探索大规模的意义，得到的答案相当普遍。

然而，我们现今的解决方式并非如此。让个体建筑参与整体城市中，推动整体的运行很重要。应通过这种为推动重新构筑个体与整体的关系做出贡献。

例如，通过内部设计穿越个体打通整体流线的地区性空间装置，或通过强调建筑物外角和正面而使场所具有方向性等设计是超越个体意义的表达形式。即便是同等质量的建筑也能共享特征化空间的大量信息，通过反复的过程来产生空间或时间的连续性，实现即便是单体建筑也能够表现出城市和地区的意义。

阿尔贝蒂针对 15 世纪的意大利城市，深思了建筑单体和城市的关系。而现在经过更改之后，发现了浅薄且多样的个体和无定型扩张的整体之间存在某种理论关联。

虽然一种语言中存在无数种多样性，通过设计可能汇聚为文脉，所以我们相信同样的事物在城市空间存在各种可能性。设计无数的建筑单体，可能形成具有文脉的城市。

这里存在修辞的作用。即便在城市空间中，也可能存在掌管开启建筑个体意图的钥匙。

4. 统一整体（第四章）

（1）从整体出发构想的城市影像

无论怎样去讨论日本城市个别的、自律性地区的集合体，日本城市并不存在整体景观。

例如，像江户时代的藩那样将统治单位作为一种限定的世界，即使其世界中的物质循环完全封闭，不难想象城市作为一个独立单位，从全景角度开展全面论述的文化形式。此外，一定思考了宗教世界观所依存的城市形态。这是由于在此基础之上，存在构成城市的解释。这时，该如何构想城市空间呢？

（2）以宿场町为例

必须要对沿着街道一侧连续呈现条状形态的宿场町在空间构造方面进行研究，要对宿场町从哪里起始、哪里是中心地区、如何管理这种细条形空间、如何处理马路和小巷之间的关系等这些共同课题作答。另外，在日本各地保留下来的很多类似宿场町的地带，便是在其各自所在的城市中解答这一问题的尝试。

在宿场町的出口处设计的呈直角拐弯的道路，在战争时期为防御和远视遮蔽的同时，也是为划定宿场町界限的空间装置。在宿场中心区域中，道幅宽阔呈现直线和曲线的道路相互交错，且存在神社和寺庙。建筑者在表现此样态的区域设定"本营"，通过使用各种空间技能，为创造像样的中心区域花费了不少心血。

宿场町的规模较大时，会将其分为 2 ～ 3 个区域，能看到各个区域的人们举行祭拜土地庙或祭祀歌舞比赛的场景。

例如，品川宿是以目黑川为界，由北品川和南品川组合而成。现今，北品川是品川神社的守护神，南品川则为荏原神社的守护神。在目黑川架设的境桥（现品川桥）与北品川和南品川临接的同时，还位于品川宿的中心（图 0-7）。以东海道和境桥为界的北侧和南侧的轴线并不相同（图 0-8）。以往的町名也以境桥为基础，按照远近距离命名，北侧以北品川一丁目、二丁目、三丁目为名向北蔓延；南侧以南品川一丁目、二丁目、三丁目命名向南蔓延。境桥则作为北侧和南侧的连接点而命名。

之后，为了使周围完全街道化，逐渐难以理解如今的品川区一带宿场町空间构成的"意图"。街道主线一旦发生一点错位，那么就无法感知这种"意图"的存在。

然而，我们了解了品川宿的历史，再来试着注意一下东海道道路，在目黑川架设的现在的品川桥周围，能够感受到城市空间中生动的构想。正因为现在周边开发项目中隐藏的城市空间构想力，必定存在着今后深度思考这片土地的线索。

（3）城市的构造化

从整体来构想城市意味着从某一角度来构造城市。这里要注意的是，如何演绎城市的中心性；另外一点是如何使城市"发声"。对两者共同思考，就是如何构建使城市成为

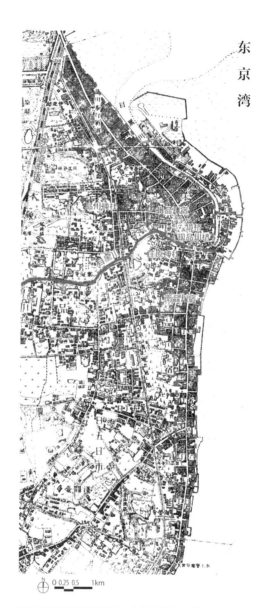

东京湾

图0-7 1909年(明治四十二年)品川宿地图(《M42测图·品川，一万分之一》)

以目黑川为界，北品川和南品川被明显划分。以桥划分的南北社区不仅不一致，连城市空间和街道轴线的曲度也存在很大差异。由于近代的开发而删除的古代地图提供了解读这种土地的宝贵线索。

图 0-8 流淌于品川宿中心的目黑川上架设的品川桥（旧境桥）

此处，东海道的弯度极其明显。以南北差异作为空间的基础来表现。

城市的问题。

另外，城市的构造化不单是物理性空间操作，是由能够反映宗教性世界观和民俗性自然观的城市设施的设计和轴线设定，以及相互对比或相互连带的努力下共同汇集而成。

5. 推动万物（第五章）

（1）城市中的时间与时间中的城市

前四章中我们都是以城市部分为主着手讨论并探索其中构成空间的城市构想力，也可以说这是一项探索城市中凝结的历史时间的工作。

例如，就像围棋的"圈地"那样，一眼望去只是白与黑的乱杂斑点模样的基本风景，一开始也是从布局开始。前几章的工作是重新解读大量的棋子打乱后无法看到的布局阶段和搏杀阶段的布置构想，即发现城市中的时间。

只是，以此为前提，城市积累沉淀了历史产物，其中存在犹如盛装时间积累下的城市的器皿一般，来静态地捕捉城市的观点。

剩下的两章是通过捕捉产生城市和故事的场所或事物演变的装置，来明确提供这些作为动态舞台的城市所孕育出的动态构想力，即将城市置于时间当中。

（2）诱发人类行动的街道

因为街道中存在建筑，其中必然存在人类生活和行动。街道并非只贡献给车辆通行。另外，在道幅较窄的街道和小型街区中更容易诱发人类活动。之所以这么说是因为这些场所具有安全的交通且自由的环境，能够确保人们的相遇。

反之，在城市方面，巧妙地在地区中配置这种道路，创造人类行动中存在的某种磁场向量会运转起来。无论是有意还是无意产生意图，很有必要从这一视点来解读街道空间。

"规划街道"（第二章）中，街道被认为是规划出来具有物质性的、静态型事物，但在这里，我们希望街道能够诱发人类行动，从具有功能性、动态形态出发来展开构思。

（3）作为节庆和祭祀的舞台

明显表现出不同时间中城市差异的是节庆和祭祀的例子。日常生活中和非日常生活中的城市空间的使用方式是变化的，存在与文字吻合的戏剧化事物，在不起眼的日常生活中积蓄了非日常生活的能量。

所以，如果没有亲临节庆和祭祀的现场，就不能说完全理解城市。节庆和祭祀是表露每日积蓄能量的场所，因为这能够表现出城市固有的情节。

此外，不仅仅是寺庙和神社，街道和广场等城市空间本身就是具有磁场的节庆和祭祀舞台，规定并演绎了节庆和祭祀的具体情节。

神社和寺庙的设计是基于城市及周边地形来选择的，众所周知彩车的规模是按照街道空间的最大容量来确定的。棚子的牵引、回转、碰撞和神轿入宫等，在这些各自具有特征的节庆和祭祀的鼎盛时期中，有"意图"地选择十字路口、广场、交叉口、坡道等，这些空间在各个城市中成为固有的且值得一看的、具有特点的城市空间（图0-9）。

遵从城市空间这一容器而孕育出节庆和祭祀的情节。

图0-9 高山祭的山车和街道

此时，街道不仅是祭祀的舞台，也是赋予祭祀故事的前提。

（4）作为活动容器的城市

通过重新审视"盛装"上文提到的节庆和祭祀故事的城市，虽然能够对城市构想力的深奥性有进一步的理解，但并不只局限于节庆和祭祀，也普遍适合城市中的其他活动行为。

原本，城市的公共空间温和地包容了这些个体，必须要创造出能够使每个人都切身感到受到尊重的场所。

例如，要求街道两侧种植茂密的行道树，还有公共空间中要求高大的天花板和典雅的阶梯也是依据此观点。值得尊重的、有价值的城市是由能够尊重所有人的良好空间积淀而成的。

城市并非由来回转动的动态型原子形成的单一集合体。城市是尊重每个个体的民主主义大学校，城市空间应该能够成为每个个体回忆深处的教室。

6. 印刻时间印记（第六章）

（1）季节与"意图"

最容易表示随着时间变化的城市状态的例子，是与早晚变化并行的四季变化。

樱花和金木犀的花香，是在城市的日常生活中不宜发现的潜在资源和潜能。花朵盛开、鸟儿鸣叫能够让人们意识到季节的来临。

虽然在东京市中心基本看不到彼岸花，但总算能在三宅坂周边的皇宫护城河的斜面上看到彼岸花开的景象。每年，当看到皇宫堤坝上盛开的红色彼岸花时，一瞬间市中心护城河的风景和野草丛生的原野和田野步道交错出曼珠与沙华（花妖与叶妖，终不相见）的情景，总算可以感受到日本人的生活日常。

据说彼岸花来源于中国并随之同化，恐怕是当时随着谷物的种子而传入日本。因为彼岸花不结果实，只能分棵来繁殖。所以，彼岸花大多是通过人为在田地里插秧繁殖。同大和时代生活紧密相关的故事与皇宫的堤坝存在关联。

（2）对风景中八景的认识

日本大多数的"八景"来源于 11 至 12 世纪中国北宋时期的潇湘八景，传到日本后被改编为近江八景，在江户时代同浮世绘名画一起名扬天下（西村幸夫，"在城市设计中的风景的思想——百景型城市设计试论"，西村幸夫、伊藤毅、中井佑编，《风景的思想》）。

对中国湖南省洞庭湖周边风景胜地的八景描绘如下：

潇湘夜雨　烟寺晚钟

远浦归帆　山市晴岚

洞庭秋月　平沙落雁

渔村夕照　江天暮雪

这里需要注意的有两点。

第一，这首诗歌颂了风景随着季节和时间发生的变化。即这个时代的感性并不是从风景、光线这些作为手绘明信片似的固有条件中捕捉，其特点是对时间变化的认识。此外，在这种鉴赏的背后，当然也暗示了人群的生活状态。从这种角度来看深刻地影响了日本近世的风景观。

另外一点是，潇湘八景具有特定瞬间的突出特点，并且尽管各个风景胜地的特定场所有固有性，如上文列举出的地名平沙、远浦、山市、渔村等，但尽可能使其成为普通的场所。这种对于普遍化的憧憬可能是中国式的感性状态。

如果换为日本会怎样呢？作为初期的代表，后来成为最有名的八景图——近江八景是这样来歌颂这八处景色的（图 0–10）：

图 0-10 近江八景中"坚田落雁"的景色（歌川广重，《近江八景》，1834 年前后）
坚田的浮御堂周边的具体风貌，描绘了在特定的季节和时间大雁飞回巢穴时的匆忙情景。

唐崎夜雨　三井晚钟

矢桥归帆　栗津青岚

石山秋月　坚田落雁

势多（濑田）夕照　比良暮雪

构图与潇湘八景基本一致，浮世绘也这样描绘。另外，人们还发现了两者之间的根本性差异。近江八景中固有的地名毫无例外地被大众歌颂。

在琵琶湖南岸找寻最能体现原始绘画题材风景的这项工作中，浮现出固有名词极其自然。此外，这被定位为近江八景时，这些景色作为发生观赏风景故事的场所被大众认识，这是题外之话。

这时，琵琶湖岸为固有的风景提供了"最佳时节"，与原本的鉴定形式对比，即此风景是观赏者这一主体观赏和鉴赏的风景。

（3）存在捕捉时间主体人物的风景

仔细思考的话，在诗歌等文化作品乃至日式料理的相关装饰品上，日本文化有很多方面非常注意捕捉季节变化等时间上的变化。

捕捉风景的方式也不例外。不仅是将风景作为空间构成来捕捉时间的瞬间移动，同时还存在生活者的情景，而且还安排了感受这一整体的主体，这其中存在着日本城市空间构想力的根源。

这样来思考的话，就能够理解以浮世绘为首的大部分日本风景画中描绘出的人们日常生活行动的风貌。这是因为，为了使观景者将个人感情融入，作为点缀性景物的生活群体尤为关键。

那么，现今我们应该如何理解这种感性并且如何加以活用呢？

风景存在"最佳观赏时节"是因为存在感受的主体。对于一天内的时间变化或一年的四季变迁中所发生的故事，我们必须磨炼鉴赏美感。与此同时，要追求产生瞬间情景形态的城市空间效果。在时间变化下的城市空间中，为实际存在的物体赋予形态的构想力很必要。

（4）捕捉瞬间并封尘

例如反映季节变迁的植物景象和朝夕变化中的城市空间景象，或者赞美某一瞬间或场面的风景等，到处存在能够感受时间变化的城市空间。

通过捕捉变化的瞬间，能够实现感受的永恒性。通过观景者的视角，刹那间发生的故事会永久地封存在城市空间中。

这时，作为主体的观景者的意识也会凝固。城市空间的构想力不仅提供了物理性空间中的具体形态，还通过时间变迁使经历过此场所的人们产生的意识变为固有形态。

第一章　规划大地

如何面对土地中的事物？迄今为止，城市是通过巧妙地解读其地势而建造的，而且日常生活空间中蕴含着地形之力，并且彼此之间存在着很深的关系。另外，大部分城市中，被称作地域的领域本身就是根据地形而产生的，在参照经验应对地形的过程中蕴含着城市空间的构想力。

试将土地和城市的关系表达为"规划大地"。如果将"规划"作为与尚未被人们占领的土地相对立的人类意志，或者作为城市本身的主语，那么城市会成为与自然相对立的关系，会使人感到些许紧张吧。

本章从反面就两者更为亲密的关系提出以下三个观点。第一，在选址论的范畴中，来讨论地形是城市的存在基础的观点。城市为什么会在其场所存在？我们想找出其原因作为解读地形的结果。近年来，该观点与最初被当作问题的环境理解力（landscape literacy）有直接的关系。第二，不一定局限于同一时间点的布局，在更具连续性、过程化的时间轴中，着眼于地形与人类营造的城市空间的观点。第三，从地形在日常生活中发挥的作用的角度来思考并探究其意图，是建立在生活论之上的观点。此外，这三个观点围绕布局论和生活论展开，紧扣地形产生的周围地带和地域特点。地形是怎样将城市分割为领域的？或者说如何产生作为场所集合的领域呢？我们会在接下来的内容中加以介绍。

我们将人与自然的相互作用表达为"规划"土地，或许用"融入"这一表达更为贴切。我们断定土地对城市而言并非是不相关的事物。

一、地形呼唤城市

存在对"图像"和"土地"的不同看法。一眼望去，虽然可以认为浮现在眼前的宽阔的城市空间是建筑等"图像"的集合，但实际上正因为有了成为其背景的"土地"形态才能支撑深邃的城市风景。另外，"土地"之中，特别的自然地形即土地形态为城市的形成奠定了基础。接下来，先从地形和城市布局相关的构想力开始解读。

1. 将城市纳入地形

（1）盆地的微观宇宙

行走在京都的街道时，不由地会被古神社和商家所吸引，但是回过头来，也能够回忆起其背景下若隐若现的山峦。

超越了将日本人的自然观定位为主观和客观的二元论，以这种"通常性"概念出发的地理学者边留久（Augustin Berque）曾阐述过从京都郊外、桂川沿线的堤坝向包围京都盆地的山脉眺望时，感受到了生态象征的力量。京都这座城市相当于洛中及其周边、三方的山脉相当于洛外，彼此存在密不可分的关系。大字篝火在东山赏红叶、在山脚下的神社和庭院散步等活动中，生态与人类生活产生了密切的关系。

产生这种关系的原因，正是由于三座山脉产生的 U 形盆地完好覆盖了京都市的布局特征。京都的布局绝非偶然，可以作为以往构想力的一个发现来理解。

在京都地区，街道、东山、西山、北山之间紧密相连，特别是离街市较近的东山，以神社寺庙为舞台而展开的"东山文化"，现今已被列入京都的景观保护对象范围和旅游政策保护中心地区，体现了显著的存在感。在京都的盆地小宇宙中，还有从个别区域眺望山峰和山脚下细微的界限中，产生出多个重叠的小宇宙（图 1-1）。

在日本的城市派系中，从藤原京到平安京的历史古城，恐怕都是在山脊峰峦中平坦盆地内构建的。这种布局，在政治和防御上存在多种意图，且以当时的建设技术来看，只要是平地就相当珍贵了。

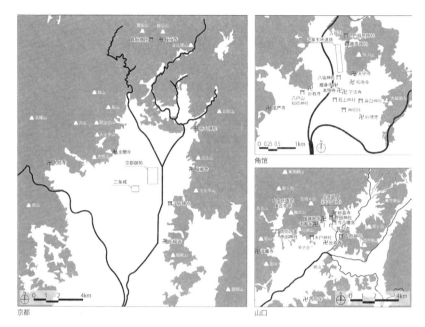

图 1-1 京都和小京都的盆地小宇宙

"小京都"城市群与近年来的观光市场的关系不容忽视，日本固有的"临摹文化"的文脉，乃至与
战国时代成立的领国文化的关系也耐人寻味。另外，全国的小京都城市加盟了"全国京都会议"，
作为加盟标准的三个条件的其中之一，列举了其中具有"近似京都的自然景观、街区、生活方式"。

　　然而，如平安京迁都的诏书中记载的"山秀水丽……山河襟带之地，自
然造城"那样，山脉围绕的山地中，古城作为必要的小宇宙而自然产生了，
从中能发现人们深刻认识到以上现象才决心利用这种布局。

　　日本不像欧洲传统城市和中国古城那样，为了将城池与自然分离而通过
人造城墙来包围，而是灵活运用自然地形中的山脉，在此引用边留久的话就是，
"与山脉连接的同时去造城"。

　　这样的布局在京都或其他古城中是特殊的存在吗？

　　说起日本城市的派系，古城数量较少，大部分也不是延承下来的，只是
遗留下来的遗迹。

　　然而，具有盆地小宇宙的布局特点的占多数。例如，角馆（秋田县）、

高山（岐阜县）、津和野（岛根县）、山口（山口市）被称作"小京都"，都是在与京都相似的地势中形成的城市群，从中能够发现这种布局的构想力。

这些城市中所共有的风景的平静感，是与自古城市街道和缓缓流淌的河流风景结合的同时，通过山峦围绕城市这种地势所带来的。

（2）被山与海包围的海港城市风景

不只在古城，在大部分的城市布局中都能够发现其与所在地势的呼应关系，其中也有凸显出来的海港城市。按照字面意思，日本全国从海港及海港城市到渔村集落的形成，其中存在多样的海港城市，不难想象布局条件中首要的是能够提供船舶靠岸所需的安全空间的海岸地形。

而满足此条件的地形是什么样的呢？例如，中世的濑户内海和自近世以来的海港城市。这种地形的特点是海岸线弯曲形成海湾，夹在险峻的丘陵和山川之中，像是海上浮现的前岛那样的地形。山峦和前岛防御了从南北方向刮来的大风，偏离外海涌来的浪潮在海湾稳定下来，从而实现船舶停靠。

可是，这种海港城市的地形作为风景而言，会给人留下安全以外的其他印象。

真鹤（神奈川县）、鞆之浦（广岛县）等中世以来形成的海港城市的构造和风景，位于被当今世人称作海港城市中心的水边，环视周围，能够感知环绕城市的大规模地形，即马蹄形的海岸线与背后一侧葱郁的山峦和碧绿的水面等自然地形形成的优越的空间构造。

例如，真鹤（图1-2）中，海湾靠近山脚下，在中间的斜面形成了街道。半山腰高楼的顶端，顺着山后，有以津岛神社为首的一连串的神社和寺庙，即使是现在也能从大海一侧看到主殿的瓦屋顶。

《万叶集》中歌颂的风光明媚的鞆之浦的海港，到了中世以后，阶段性地进行了填埋（图1-3）。但是，圆弧的基本形状大体没有改变。

港湾从海岸一侧进入，能够看到海港周围热闹的场景以及背后山脚下的

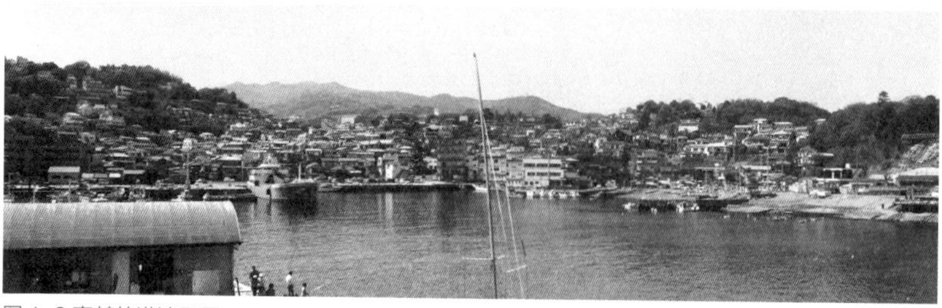

图 1-2 真鹤的港湾风景

真鹤町的城镇建设指南——“美之标准”之中，例如“沿着斜面的形状”这一关键词，“真鹤町全区域就是个斜面”。这一个区域与半岛地形和山形的识别度相当。这个区域的形态印象与高层建筑格格不入，是以顺应斜面地区为前提设计建筑物的规划方案。

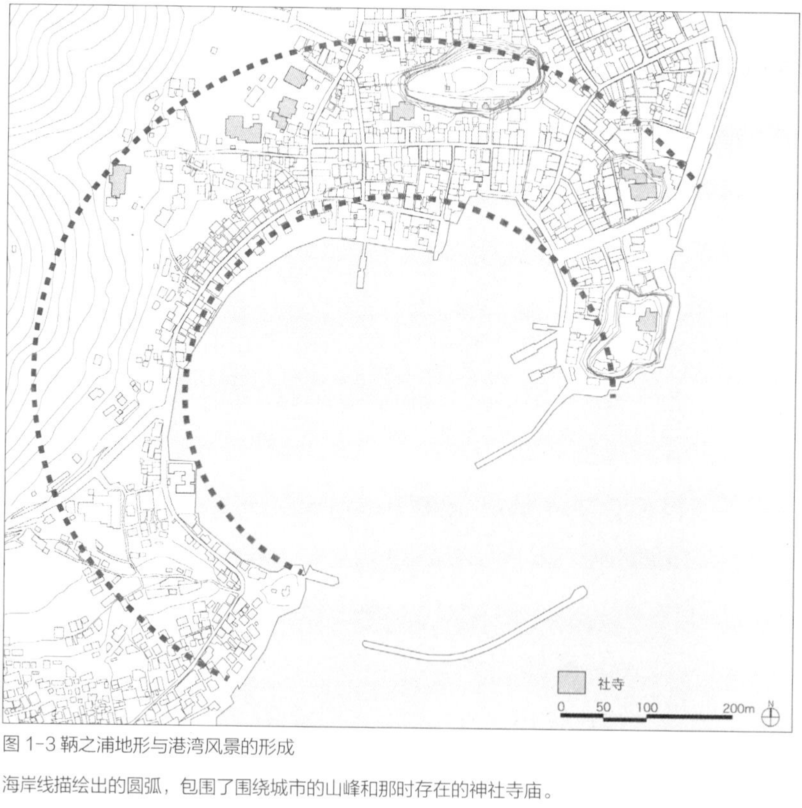

图 1-3 鞆之浦地形与港湾风景的形成

海岸线描绘出的圆弧，包围了围绕城市的山峰和那时存在的神社寺庙。

寺庙神社，还有与险峻的深山融为一体的景观。

沿这些海港城市海岸通行的话，迎面而来的是山与山麓原野的寺庙、朝向海岸线方向的平坦斜面上密集的城镇，比起只是为了确保船只泊岸的安全，我们更能感受到本质上迎接宾客的风情。

平缓地描绘弯曲的海湾形状，在迎接坐船抵达的人们的同时，还使沿岸站立的人们、周围山脚下的寺庙里人们远眺的视线与自然互相交接，汇聚在成为城市中心的海港区域的公共空间。

港湾并不是圆形的、完全封闭的空间，是朝向大海的开放空间，而且通过水边的仓库和商家，山坡上的神社寺庙及庭院，还有通往这些场所的坡道和楼梯等相继面向海湾方向展示各自的姿态，创建出向心性和开放性兼具的海港城市中心广场。

（3）在高地上创建城市

与山和海包围的凹陷形地块的布局呈现对照关系，由于水灾等自然灾害和防御不周等原因，使城市区域被限制在凸起的高地上进行布局的例子也不胜枚举。

例如，以夏末的风物诗、风盆节闻名日本的富山县八尾町也以"坡道之城"而被知晓，自古沿着井田川细长的河岸高地逐渐发展而来（图1-4）。

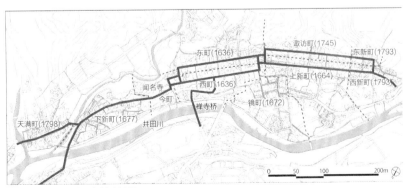

图 1-4 八尾町的地形与城市构造

在井田川挖掘的河岸高地边缘有曾是八尾旧町起源的古刹、闻名寺，在闻名寺门前宽度约 250 m 的细长形高地的平坦区域，先是在 1637 年建造了双子城、东町和西町。之后从这两座町的前方起，直至闻名寺的后方，按顺序依次建造了上新町（1664 年，南新町）、镜町（1672 年）、下新町（1677年）、诹访町（1745 年）、西新町（1793 年）、东新町（1793 年）、天满町（1798 年，川涯新町）。

从这些町所在高地的边缘处向井田川方向眺望，富山平原尽收眼底，成为这条街道的魅力所在。此外，八尾旧町的特点其实是沿着从阶地处流下的井田川眺望到的景色。在象征阶地的积石和狭窄的山丘的正面布密着商铺与稍大些的闻名寺，以及院内树木形成一体的八尾景观，也能够看到动人心魄的风景（图 1-5）。

然而，禅寺桥曾经是通往禅寺的道路，后来成为建町以来的八尾旧町的入口，这片区域拥有生机勃勃的风景。

于是闻名寺随之转移到此地，从建町起，出于防灾和防御的考虑选择在高处建城，还突出了宗教对于城市整体的影响，并让到访的人们感受到地形与城市融为一体的强大冲击力，进而给其留下深刻印象，曾经的设计中或许包含了以上多种构想。

与八尾町相同，巧妙并灵活运用被限定宽度的高地中所蕴含的领域感而设计的城市，还有水户市。

图 1-5 河岸阶地上展开的八尾街区
井田川沿岸的阶地在崖边，从老城下行的坡道有很多可以远眺的地方。

水户市的偕乐园是日本三名园的其中之一。庭院内的美景被淋漓尽致地表现，朝千波湖方向展开的广阔的景色（图1-6）使人感受到传统美感的同时，还给人留下无论何时都依然清澈的印象。

图 1-6 从水户市偕乐园眺望到的景色

偕乐园位于水户上町的外环城河的西侧，临千波湖的七面山建造。这里的美丽风景迎合了水户这座城市的布局特征。

水户城以借偕乐园之景为开端，并以上町的街道为边缘建城。上町以旧武家地为中心，可以感受到其他城市无法眺望到的辽阔景色。以上就是水户的城市魅力。

不仅在千波湖方向，在那珂川方向也能从神社院内和坡道上眺望美景。这原本是在樱川的洪积高地地形的影响下产生的城市。俗称"马之背"，被两条河川夹着的洪积高地虽然并不朝向低地和其他稻田方向，但却在易受天灾的地块上建造了水户城，并开拓为城下町。

然而，在其高地中纳入城下町主要区域的城镇建设，也不只是基于防御的原因。在高地顶点的城市和在高地边缘的斜面绿地上，城下町中形成以城市为中心的稳固领域感和1842年（天保十三年）建成的作为大借景园的偕乐园，成为一个文化景观，我们能够从中解读出城市构想力。

2. 地形成为城市的起点

（1）蕴含在城山中的向心力

近世以来，日本各地诞生的城下町是日本现在主要城市的原型。城下町的象征是高耸的天守（瞭望楼），给人印象深刻。

由于江户时期的水灾、大火，以及明治维新时期的人为破坏和战争灾难等造成的损坏，曾一度失去天守，之后被多次复原。然而，再次在城下町的街道上行走，能够感受到无论天守是否存在，城市中的遗迹仍能保有较强的向心性。

中世以来，由于武士领主、战国大名们的防御战争以及建筑时间缩短的原因，在险峻的山峰上建造了作为本营的城池，后来渐渐以兵农分离为目的，规划性地建造城下町，随之在区域中城池位置被逐渐确立下来。

城池选择在平地中央的丘陵或海边等容易招致自然灾害的边缘高地等，被护城河环绕的同时，堆砌坚固的堡垒，建造石砌围墙。另外，还要掌握规模较大的城内、城下的状况，且将象征统领权威的天守建造在堡垒和围墙上。

如何实施以上的布局以及确定天守的位置（选取地块）？大多数研究者的研究成果报告明确指出，特别是在城下町的街道设计中，中心城郭的景观设计以及从周围的山上观望的手法，超越了单纯测量技术，而是明确应用了顺应地形及产生美感的设计手法。即以没有城郭的天守为中心，实施以此为景观核心的城市设计。

现在，行走在作为城下町起源的街道上常能感受到城市轨迹的向心性，在天守存在的情况下，其独特的建筑形式易吸引人们的注意，我们认为这种向心性不仅使天守成为地标建筑，还保证了利用上述的天险、丘陵、高地等比周围平地稍高位置的自然地形，围绕地标建筑还产生了与之相连的街道网。

例如，松山城的城山高度为标高 130 m 以上，如同将城市街道围起来一般延伸开来（图 1-7）。

图 1-7 松山城远观景色

松山市的景观规划是以保障眺望松山城景观为目的，设定了区政府前榎町路景观规划区域。

选取地块的阶段中，地形为形成城市和天守中的城市设计提供了起点，以天守为首，即便大多数的建筑物已消失，但衍生出的地形即城山和茂密的绿荫作为城市的地标物而存续下来。随着时代的变迁，即便建筑物在不断改变，可地形的变化并非易事，选取地块时的构想力会持续产生。

（2）地形强化宗教象征性

自古以来，神社和寺庙是顺应地形来布局的，这更能解释城市本身的布局，能够在脑海中浮现出两者共通的原风景。

樋口忠彦将神社的位置设定在从山顶到山脚处的平缓斜坡中露出山峰一侧的丘陵端部，神社对着被包围的山峰、斜坡部位的田间，还有神社与田地之间的河流所形成的 "水分神社型"的"怀旧派风景"，成为日本典型的地形空间之一（樋口忠彦《景观的构造》）。

在信仰自然的日本，通常有自然与宗教空间直接相连而形成的风景。此外，在神社前发展形成的城市必然是从山峰一侧的丘陵朝着缓坡的地带发展而来。

例如，在作为善光寺门前町而发展起来的长野，善光寺位于基地平缓的端部，也就是在其高地上。山峰围绕着其北侧和西侧分布，虽然其南侧及东南侧有称为城山的阶地，但基本上都平缓地在倾斜平地处逐渐下降。同时，门前町在逐渐降低的阶梯地形上扩展开来。

长野的地形实现了"西道东流北丘南池"，也就是所谓的"四神相应"的地势。善光寺被认为是在充分解读这种地势的基础之上建立的，并以此作为起点而形成城市。

五代将军德川纲吉，在1681年（天和元年）音羽之地建造的护国寺及其门前町的选址，也同样是基于与地势的对应关系。护国寺在具有大型凹形断面的地形中，在内部包括门前都布满宗教空间，实现了既存的地形特性转向宗教象征性。

音羽，原本夹在关口高地和小日向高地之间，神田川流过的两条小河川流淌的狭窄山谷，其山谷的北部在杂司谷高地的影响下而形成被覆盖的形态。

护国寺的本堂位于杂司谷高地，设计在宽为100 m、长达1 km的细长形山谷中间，容纳了中间的宽度为15间（1间约1.8 m）的大规模参拜道路及其两侧向内延伸的20间的江户典型城市街区。在自然地形形成景观的参拜道路上，能够看到高地上设有路标的本堂，而且朝本堂方向产生了依次递增的象征性城市空间。

在护国寺的参拜道路途中，沿道路两侧的建筑物逐渐高层化，一侧的河川成为高速道路用地，另一侧的河川被暗沟化，原地形本身也从参拜道路一侧的视野中逐渐消失。

然而，即便如此，以护国寺为焦点的大规模景观，即便是现在，也为世人展现了充分使山谷和高地转化为圣城的构想源头（图1–8、图1–9）。

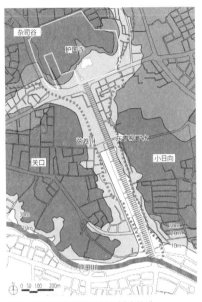

图 1-8 护国寺周边的地形和城市构造

图 1-9 护国寺参拜道的风景变化（上图：明治末期实景，引自《东京名胜古迹图会小石川区》；下图：现状）

关口、小日向高地都是以悬崖状连绵，护国寺的参拜道以被它们夹在中间的形式延伸。

二、将地形融入生活

近代的修建技术发展之前，地形是既定条件，并不容易改变。不，甚至可以说城市中的丘陵等积极地融入了生活，被当作应当活用的资源。丘陵既是观赏和眺望的对象，又是观赏和眺望的场所。此外，观赏和眺望的视线并没有留在城市内，而是向着城市外蔓延。在这里，能看到以丘陵为首、坡道、山谷地、低地等我们身边存在的地形转变为生活资源的构想力。

1. 与山交往

（1）附近的山、远处的山

北部地区三个县的政府部门所在地——金泽、富山、福井，三个城市之间的距离适度，且保持着各自的特点，景观构造方面也很相似。这三个城市共有的特点之一就是与山有关。

　　北部地区三个县的政府部门，在离城市中心不太远的位置就有人们轻轻松松就能到达的山（图 1-10）。金泽市的卯辰山、富士市的吴羽山、福井市的足羽山，从这三座山峰的山顶眺望，城市景观尽收眼底。

　　这几座山在近代之前就作为风景胜地供市民游览观赏，即便是现在，也作为养生、休闲场所，夜晚灯火通明的街道尽收眼底，且形成夜景，风景面向不同年龄段的人群，非常受人欢迎。在这些城市中，能够俯视自己生活的城市，这种体验相比在其他城市，更能使人亲近生活，即能够将自己与城市生活相融合。

　　此外，这三座城市与山之间的关系的另一个共同点是，金泽、福井的白山，以及富山的立山连峰等都具有可以眺望市内全景的高峰。

　　这些山脉与包围城市街道的山，乃至与近在咫尺的山并不相同，使人更容易领略自然的险恶，是同时成为信仰对象的山。在这里居住的人们所眺望到的称为圣地的山景，从他们居住以来一直没有改变。从这层意义上，远方

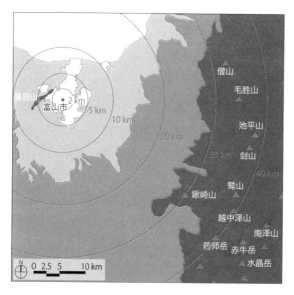

图 1-10 富山的城市与山的关系

北陆三城市与相邻的山、远方的山有着紧密相连的关系。此外，还构筑了相邻的山与远方的山之间的关系。富山的吴羽山的天文台入口耸立的大伴家持的歌德碑上，刻着"正值盛夏，立山积雪犹在，如此美景意犹未尽，简直是神仙赐予的魅力"。也就是说吴羽山是眺望立山的最佳位置，至今未曾改变。

的山就成为地域空间性、时间性的轴线，还能使人看到眼前城市的变迁，感受到超越瞬间变迁之下的城市与大地之间不变的联系。

城市与山的关系是，在城市内的山峰，人与山的亲近促使人们在山顶上眺望从而理解城市；在城市外的山峰，能象征比定位城市的时间及空间更长、更广阔的事物。两者都加深了不同的城市印象，能够深刻影响市民与城市的关系及其对于城市的看法。

像这样，通过在城市内、外山中的生活方式，能够培养出对于城市的理解和爱意，这本身就能够解读城市存在的构造中所具有的深奥构想力。

（2）生活中的日和山

话说回来，毫无疑问山在人们建造城市之前就一直存在。虽然高出周围的地形自古以来都不会改变，但"山"被大众认知并由此逐渐开始被命名，因此也可认为"山"是孕育而成的。

山本身是给予人们对于地形认识及对于地形构想力的恩赐。在北陆三城市的例子中也阐述过，山势险峻、难以让人靠近的山峰对于人们来说不容易接近，故通常会被作为畏惧和憧憬的对象，成为人类的信仰。

另一方面，丘陵通常处在比较合适的接近距离，毫不费力就能够攀登的山峰，不仅作为登顶的对象、眺望的对象和信仰的对象，还成为维系日常生活中各种场面、行为的纽带。

日本各地的城市，特别是观察港口城市地图，我们能够发现比较符合命名为"日和山"的山。

日和山是在千石船时代中，就如字面意思主要用于预测天气的小而高的丘陵。船夫们通过登上日和山观察云雾的形态以及使用方角石来定位风向，从而预测天气并判断能否出港。这种山峰的特点是，拥有船夫们可以轻松攀登的高度，并且能够眺望到港内及港口直到外海。

大部分日和山不仅能预测天气，还是出海送行、回港远望和联络的场所，甚至作为港口的标记，且在山上眺望的最佳位置还可作为游览胜地，以及根据情况设立了中国唐代船只的警戒所及炮台。

之后，由于日和山比起填海地区等更加偏离海岸线，于是在周围建造了一定高度的建筑物，渐渐地不再需要依靠船夫们的经验来预测天气了，大多数日和山逐渐被周围的风景埋没，但其小而高的地势并未发生改变且一直存在。

可以注意到利用港口的人们、在港口居住的居民的行为被原封不动地刻画下来，只要具备认知的眼光，就能发现这种凸起地形对传承港口城市发展历程的重要贡献，也能看出使城市具有个性化的文化景观"日和山"的完好存在。

例如，位于信浓川由河口港发展而来的新潟港信浓川河口附近，有两个称作"日和山"和"新日和山"的地方。前者是新潟港附近唯——座小型高丘陵，也是领航员"水户教"预测天气的场所（图1-11）。山顶上有住吉大社。

在日本享保年间，随着信浓川河口位置的迁移，日和山逐渐偏离河口位置，明治中叶时期因遭遇灾害而荒废，沿着新海岸线构筑的人造山就是"新日和山"。

比起日和之地，凭借新潟市琳琅满目的料理店和茶社繁华起来的新名胜景点"新日和山"受到大海的侵蚀程度更高，1945年（日本昭和二十年）因

图1-11 新潟日和山的布局和现状

新潟的日和山是直到江户时代末期，在新潟城市中标高最高的场所，是新潟的地标。从日和山到海边的道路被称为"日和山道"，能够直通现在朝新日和山的海水浴场方向的大海。在较为平坦的新潟市内，其作为少有的坡道与人们保持着密切的关系。

溃决地形早已丧失原貌，而原本的"日和山"至今还存有住吉大社，并作为新潟下町中部平坦的观景地被完整地保存下来，同时成为孩子们的玩乐圣地和散步的好去处，与城市生活紧密相连。

此外，日和山与城市之间至今仍保持着可视的合适距离。这也暗示了以"日和山"形态引出新潟下町的城市轴线、街道网的可能性。

原本在小而高的凸起地区建造城镇，伴随着社会的发展，以及外来人流的到访，其与城市产生了难以分割的关系。在此生活和对城市的体验虽然微不足道，可确实做出了相当大的贡献。

（3）假山的作用

像新潟的"新日和山"的新造假山那样，假山也在城市生活中发挥着各种作用。基于信仰富士山的富士冢便是代表。

在关东地区，新的人造假山和自然形成的隆起地区被喻为富士山，且在此安置了浅间神社。

例如，东京的浅草寺背后，称作观音里的地区深处有浅草浅间神社，通称作"富士先生"。浅草寺院内和浅间神社称作富士路，与参拜道路直接相连。参拜道路的交叉口处略微蜿蜒产生死胡同，周围平坦的地块中，不同质量的阶梯和牌坊成为魅力点（图1-12）。

这种曾经小而高的、以富士冢为中心的地区，被小学和警察局等设施包围，交叉口也稍许扩大，成为城市的中心地带。

此外，每年的开山之日会在此开办花木集市，整个城市作为"富士先生"的中心地，被绿色覆盖（图1-13）。

也就是说，城市中名为富士冢的人造假山，至今仍然融于人们的生活当中，发挥着辅助风景的作用。

另外，这种小假山未必是基于信仰而产生。

例如，新宿的户山公园里的箱根山，虽然作为山手线内最高海拔地区而闻名，而其起源要追溯到尾张德川家在住宅用地"户山别墅"时期。"户山别墅"是运用微缩景观的手法来缩小现存风景而临摹出的庭院，东海道五十三站的微缩景观在庭院内被完整再现了，其中的宿场町因其极端虚构性而驰名。

图 1-12 现在的浅草浅间神社

此外，与虚构的宿场町相对应的，就是假小田原宿建造的箱根山。也就是说，这是大名住宅用地中唯一遗留下来的构造，之后被整改为公园，对大众开放，成为公共空间。以前这里能够展望箱根山山顶到新宿街道的全景，而现在樱花树漫山遍野，绿植覆盖户山高地，遮挡了人们的视线，可见的景观既近又少。然而，与乘坐升降梯到达观景台不同，正因为一边期待着登顶的景色，一边一步步攀登，才能够直接获得眺望文化创造的体验，观景场所的公共性及开放性正是其今后产生景观起点所必备的重要资源（图1-14）。

图 1-13 浅草浅间神社周边开放的花草市场

位于浅草的宫士先生的花草市场，以前在东京占有一定的规模，现在，也作为初夏来临的地域风物诗而与人们关系密切。

图 1-14 现在的箱根山（户山公园内）

以前是藩邸内的假山，现今向大众开放。其标高尺寸并不大，但却足够显示存在感。这样的城市特点为今后的景观建设提供了线索。

这样的情况不仅出现在东京，大阪具有代表性的人造山——大阪港口附近的天保山也是一个例子。它是在天保时期安治川河口疏浚时，使用河口的砂土堆砌的小型假山。

当初堆砌时，便成为人们流连忘返的名胜景点，之后被作为要塞。后来作为公园使用后因汲取地下水，其地盘下沉，凸出的地段不断变得平缓，成为河口周边开口区及其象征，守护着天保山。

而在通常状况下，人造山为容易显得单调的临水地区的风景赋予了历史韵味和时间感，还有珍贵的植被，甚至还带给人们眺望时欣赏风景的愉悦感。

2. 山脊与山谷之间的风景

（1）脊路之美

放眼眺望并非指的必须要登上没有任何特点的山顶。城市中丰富的地形相互交织，观景场所随处可见。

"展望城市的山丘。去设计观景台。发现脊路之美。"这句名言出自绝代风华的城市规划师石川荣耀之口。石川曾担任过东京战后复兴规划设计方案的负责人，确立方案之际的东京一片狼藉，方案针对普遍被建筑物遮盖的或者惹人耳目的、容易被遗忘的几座山丘和低地交织而成的东京原地形展开。

东京城市的特征是自然地形种类极其丰富。沿山脊道路两侧的建筑物很稀疏，在任何角度都能看到东京街道之美。石川深受触动，积极地将沿山脊路的视点场所作为"城市展望之丘"而保留，并计划将观景列入公共项目。

石川居住在目白，可能是在每天通行目白路的时候发现了上文所提到的美景吧。越过目白高地的山脊，走过目白的道路，至今仍能感到"脊路之美"。沿着目白路到神田川早稻田方向下行的坡道，会有意想不到的远景逐渐进入眼帘（图1-15）。坡面、低地早已耸立起住宅，可视距离在逐年缩小。例如，目白路下行的富士坡道——即便以前能够一直看到富士山的坡道，现在的视线也只能到达新宿密集的高楼大厦，就被遮挡起来。尽管如此，在高而密集的大楼包围下的拥挤狭隘的东京街道上，这样的景色能给人不可取代的畅快

图 1-15 沿目白路坡道眺望的景观（上图：富士见坂和白无坂的分岔点；左图：觊坂；右上图：宿坂；右中图：稻荷坂；右下图：小布施坂）

石川前线指挥的战后复兴规划中，为了山手线内几个区域的地块集合，用绿化带来确保地块的界限。然而，绿化带却不能完全实现这种效果，"脊路之美"也成为这种坡道。旧田中角荣宅邸的一部分相继被抵押，后成为目白台运动公园向大众开放。此公园的南侧斜面正是石川构想的"城市展望之丘"。

感。可以说原地形赐了了我们天然的观景台，在沿着山脊引出道路时就已经将天然观景台融入对城市的构想当中了。

（2）低地与高地之间的共生关系

东京的近山处被地形划分为最明显的区域。在近山处行走时，能够感受到道路起伏的多变所带来的风景的变化，并非只因为视野的高低变换，实际上是因为风景本身在低地和高地中呈现出不同的样态。

特别是江户时期，高地被作为大规模的大名住宅和神社用地，一方面规划的街区分割出的旗本用地、组公馆、寺庙群等覆盖于此，另一方面在低洼地区配置了统一规模的商业用地。土地被各种武家用地、商业用地等类型分割，即用地的形态和规模有很大的不同。

这种原本反映了阶层制度的分配形式直到后来依然具有影响力，高地成为相对密度较低且绿化率高的住宅用地，而低地却成为密度较高、商家密集的区域。

然而，观察一下个别地带，实际上高地与低地之间的关系并不能单纯用"分开居住"这种语言来表达，甚至能够发现，各自连接点的连接方式具有功能性，在大部分场合中这样理解更为贴切。在东京这样的地形城市中，城市空间的构想力大部分是从两者共生的现存样态中被发现的。

例如，东京四谷附近的低地若叶和高地须贺町之间的关系就是例子之一。

若叶是以舌形切入高地的低地，须贺町是位于高地的城市。以往，若叶是商业用地，而须贺町是武士用地，而且高地区域还罗列着许多寺庙。明治时期之后，人们反复地更新了武士用地和商业用地。然而，在寺庙用地中，建筑物自不用说，墓地和神社这种庭院本身也作为圣地而被赋予重要意义，所以至今作为城市中珍贵的开放空间被完好无损地继承和保留下来（图1-16）。

像这样高地中的空地，从高地一侧向低地一侧打开的视线成为重要的视点区域，那么在低地一侧是怎样的呢？

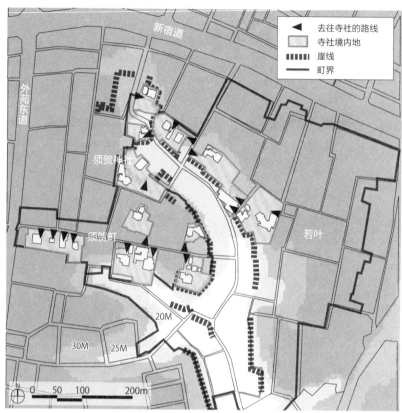

图 1-16 若叶的须贺町周边的地形以及寺庙的布局

　　若叶蜿蜒的山谷道路，通常作为低地处密集商业街的背景和魅力点，让人们看到露出半截的高地上的寺庙。这样的神社庭院景色，能够让人在被住房埋没的、因植被密布而没有空地的低地中感受到一瞬间的清凉，使人们心灵获得慰藉。

　　然而，这并非由于高地位置的视角所致。即便从谷道看不到的话，庭院内空地的存在仍然很重要。

　　因为从低地看到的位于高地的建筑物会使得低处深度叠加，所以这些建筑物对于低地来说通常具有相当强的压迫感，而低地的闭塞感也会加强。

但是，从低地却看不到在高地神社中的空地，低地的街道能消解闭塞感。随着街道化的发展，高地的神社产生出"看不到的力量"。若叶和须贺町之间的共生关系使它们保持着各自的状态（图1–17）。

图 1–17 若叶的须贺町沿谷街道与高地的寺庙境地和共生关系

四谷的麴町高地切入了蜿蜒的山谷走向，创造了沼泽地和高地地形。山谷间以住宅、商铺为中心的低密度街区延伸出了高地中以寺庙神社为中心的相对密度较低的街道。高地布设了墓地和绿地，其中的空隙为维持沼泽地居住环境做出了贡献。

（3）衍生繁华的坡道

连接山脊道路与山谷道路、高地与低地之间的是坡道。在日本，基本所有的坡道都被命名，从这一点便能够看出，坡道凭其地形的特点作为城市中重要的标志与人存在着密切的关系。特别是山脊道路，因为在坡道的顶端视线被拉远，眺望者自身也会吸引人们过来。

例如，在江户名胜场所的画集中，描绘了目黑区行人坡道的场景，那里有观赏富士山最佳视点的茶社，能看到人们在此休闲或休憩的场景，还能够感受到茶社周边的繁华。人们并非是一口气登顶或下坡，而是时不时地休息，享受地形带给他们的乐趣。

若是寺庙门前，神社都处于高地，而参拜道路通常是坡道。京都清水寺门前的清水坡道、产宁坡道都是微微蜿蜒，通往清水寺的坡道上，为前来观光的游客开设了许多店铺。

江之岛神社的参拜道路也是一条笔直的坡道，那里有很多土特产店及饮食店。大体能够确认尽头是挤满人的繁华场景，朝着能看到神社方向的坡道行走，使人流连忘返（图1–18）。

不仅在寺庙前，在繁华街道、集中区域，体现这种坡道地形特征的地点还有很多。特别是在东京，从山手高地到原本是商业街和集落下町的一段坡道上衍生了许多新兴的商业街和热闹场所。

日本明治中期开始，如命名为下町银座的神乐坡道，以及连接近郊的热闹场所涩谷的道玄坡道等，都是在坡道上建造城镇的代表例子。还有涩谷的西班牙坡道，有意识地在坡道地形中添加繁华氛围的要素。表参道 Hills 商厦中，还在商业设施内设置斜面形状的坡道。

图 1–18 江之岛神社的参拜道

参拜时，扶着坡道上下的不同体验也被重视。

坡道衍生繁华的空间特质有两类。第一，从坡道能直接看到尽头，店铺群的排列和聚众的情景能让人感受到繁华的氛围。第二，坡道地形和若干曲折的道路合并，使眺望的场景分节。

（4）低洼和异界

另一方面，拥有几条坡道的低地，即从周围开始急剧下降的凹地形，比起和周围环境创造共生关系而言，倒不如说最大程度地发挥异界性，衍生出独特的地带。

特别是"低洼"深处大抵会涌出水流，使得周围的坡道、倾斜面成为界线，包围其中的水池从而形成游览胜地和休憩场所。

例如，曾作为旧松平摄津守住宅用地的荒木町（新宿区）就是以低洼开始形成异界的代表例子。地中庭院的遗迹以倾斜且呈钵状的底部涌出的策之池和辩才天女为中心，在此形成从三个方向下降的三条街道。日本明治时期之后，虽然排列着茶社和料理店的花街柳巷欣欣向荣，但非日常地带必须从周围的日常地带分离开的领域感，正是从倾斜且呈钵状的特殊地形中衍生而来（图1-19）。

在此行走可以发现，遮挡着向下蜿蜒景色的通道和作为途中分界装置的阶梯等融入大规模的地形当中，强调了领域感（图1-20）。

现在，从策之池向上仰望周围景色时能够感受到强烈的包围感，这是因为山上高层建筑物强调了倾斜且呈钵状的地形。

异界与原来的地形同时通过强调其地形的街道和建筑物而形成。而且，异界是组成城市魅力的重要因素。

在与荒木町相同的新宿区，现在成为新宿西口超高层楼群街道后的十二社之街，也是具有这种地形特征的场所。

原本在此地建造住宅用地的伊丹播磨守，以1606年（日本庆长十一年）建成的十二社池为中心，因在日本享保年间成为池子周围布满料理店、茶社

图 1-19 向新宿荒木町的凹陷地形和策之池靠近的通道

图 1-20 新宿荒山町凹陷处阶梯上的眺望景观

朝凹陷处低端的策之池前行，从三个方向穿行坡道视野都很通透。阶梯本身并非直线，由于顺应地形，而提高了异界感。

的游览胜地及休闲场所而闻名。

　　日本明治时期以后，池子的面积逐渐缩小，20 世纪 60 年代随着向淀桥净水厂的超高层楼群街道的转换而实施街道扩建，之后还进行填埋，现在已面目全非。

　　但是，继承了以往朝着池底下坡的几条坡道，以及阶梯、山崖等好不容易才得以存留的延续了当年风情的建筑物和小巷，使人们至今还能勉强感受到异界的存在（图 1-21）。尽管如此，通过敏感地读取地形而融入生活当中的构想力也逐渐消失。在建筑设计产生差异性之前，通过感受脚下大地发生的微妙变化，自然会发现土地、地域的特点。

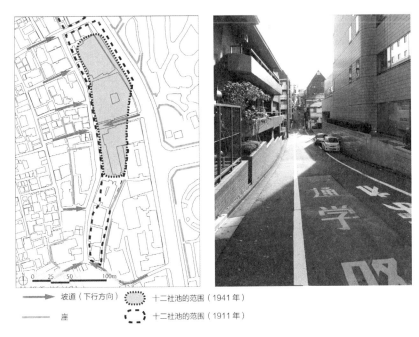

→ 坡道（下行方向）　　⬡ 十二社池的范围（1941 年）

——— 崖　　　　　　　　十二社池的范围（1911 年）

图 1-21 新宿十二社池遗址周边地形

横切十二池遗址唯一的街道，形成往池底方向、左右方向朝坡道下行的地形。

三、地形产生领域

地形通过限定地域的大规模构造及在这种地域中编织的细微起伏，使得土地具有丰富的表情。在这里发现生计场所的人们，一边被地形的感性所打动，一边创建稳定的生活领域。地形主导的领域的一体感，成为地域空间的基本单位，其状态为地域的空间同一性赋予结构。根据地形划分，或积极地激发在相同地势基础上的领域特质，孕育出有个性的地区和周围环境。地形是领域的苗圃。

1. 异化领域的地形

（1）顺应起伏和斜面

以前，城市设计师凯文·林奇将唤起城市轮廓的线性要素命名为 "edge"

（边缘），这作为人们对城市印象的典型要素之一而被提出（《城市意象》）。

在丰富的各种细微地形相连的日本列岛，群山、水际线等"大规模地形"作为城市边缘而发挥作用，而它们所切分出的宏观领域的内部，也顺应了河川交错的土地的起伏和高度差，形成了多种小型领域。

我们知道江户时期的土地利用，大致分为以宽阔的武士用地和寺庙用地为中心的丘陵地"山之手"，以及布满水路的商家和生产工作相当兴旺的"下町"。此区域被认为是典型的例子，舌形高地复杂地穿插在江户时期的城市当中，武士用地、寺庙用地、商业用地，以及包围了以上用地的农村区域，都是在仔细考量微地形的基础之上配置的。

有大量的坡道被命名，是因为在不同地形中用于相互连接的坡道掌握着领域的重要线索。

坡道的名称根据在实施城市规划中道路宽度而命名，现今也常见十字路口和车站处有名为"坂上""坂下"的坡道存在。连无意中经过的、极其平缓的坡道也都有名字，这也暗示了人们发现了存在细微高低差异的场所性。像这样细微地形形成的领域单位，成为生活群体容易亲近的场所（图1-22）。

连接存在高低差地势的坡道本身就能统领存在角度的地形领域。其具体的形态，根据通行坡道的时代和土地文脉而多种多样。

新宿区的目白崖线是沿着流过江户郊外的妙正寺川、神田川的左岸（北侧）而形成的连续型高倾斜度地块，以前沿河的低地处农业用地非常宽阔，高地上形成了以街道干路为中心的町场。

现如今，在地图上看到连接低地和高地的坡道，能发现山手路东侧的河流汇合地域中，有许多蜿蜒且不规则的线性坡道，而西侧的中井地域中更多的是直线形坡道。

前者是从近世的农村时代开始就存在的道路，现如今坡面上也有很多植物林地，被解读为作为高地与低地之间有特点的"界限"。另一方面，在关

图 1-22 以沼泽地为媒介接壤的谷中、根津、干驮木

这片区域被通称为"谷根千"，像现在以不忍路为中心而两侧展开那样，一旦就此地形展开解读，就能发现作为框架的蓝染川流淌于沼泽地（现在被暗渠化，通称为"蛇道"），现在还成为台东区和文京区的划分界限。从蓝染川的东侧展开的高地汇集了有很多寺庙群的谷中地区、西南侧以根津神社门前町为中心的根津、西北侧所形成的个性化坡道，从而组成了这片区域。

东大地震后的郊区化过程中，后者大部分的坡道作为在南侧坡面的近代住宅用地，并以这样的潜藏价值而开发。东西方向并排配置的八本坡道，自东向西的"一号坡道"到"八号坡道"，以所谓的合理数字分配开来。

这些坡道中，半数都是随着使用近代的修建技术在坡面上开发住宅用地而配置，虽然是直线坡道，但如图所示，可以说中井地区的边界不仅仅是隔开高地与高地的"分割线"，还成为统一住宅用地"领域"的坡面（图 1-23）。

在山谷和河岸阶地上自古就发展起来集落和城市，即在坡面地区形成高密度的居住地。这与大多数地域有共通之处，海港城市就是一个典型。

自古以来的海港城市在从中世纪到近代的时间变迁中，为了顺应商业交易的扩大和海平面的变化，在海港与海湾并存的地形中，交织产生出高密度的人类活动领域。作为信仰据点的寺庙选择在地势较高的地区，物流的用地会使与港口的连接点产生方向性，随着城市的多功能化发展，沿着海岸线（等高线）领域逐渐重叠，在坡面的街市逐渐扩充（冈本哲志《海港城市的形态形成与变化》）。

北部的港口地区作为近代以来发展繁盛的函馆市的基石，就是在近世箱馆山的山脚下建造的。从海岸向山一侧，海港、商业街、手艺人街、神社阶层性的连接形成基本构造，在经历了明治十一年及十二年的火灾后，街区被分割为格子状，随着神社寺庙的转移和新用途的兼容被传承下来。

即便现在以市电路（旧龟田街道）为基本轴线，也能看到与等高线并排的道路区域。另一方面，与其垂直相交的坡道有"船见坂""幸坂""基坂""日和坂"等，根据其各自的由来和特色而命名，从中也能发现以坡道为轴线的

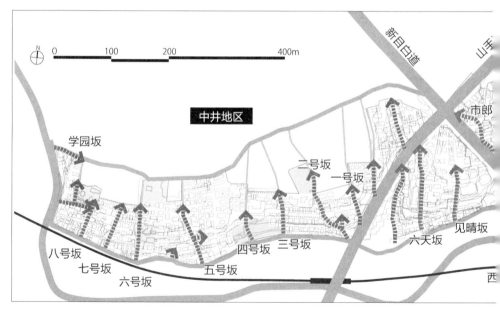

图 1-23 落合的坡道

在沿妙正寺川东西方向的新宿区落合附近的目白崖线，贯穿了河川沿岸的沼泽地和北侧的高地相连的几条坡道，山手路东侧和西侧的线形并不相同。保留下来的江户时代的农村遗迹的东侧坡道顺应角度不规则地弯曲，对于此场所故有的命名，近代在住宅用地开发时整治的西侧坡道呈直线形，命名以一到八的顺序进行功能性划分。

领域。随着以两者轴线为基础来圈定各自的范围，在朝东北方向下行的坡道正面能够眺望到函馆海湾、龟田半岛背后的群山。这种景观的共性赋予了坡面地区中宽阔的"坂城"个性和统一感（图1-24）。

图 1-24 函馆的坡道（从左至右依次为日和坂、八幡坂、基坂）

在背对函馆山的城市行走，在感受映射出近代发展的坡面街区的同时，在坡道北侧展开的函馆湾和龟田半岛的景观使这片区域所固有的布局环境令人印象深刻。

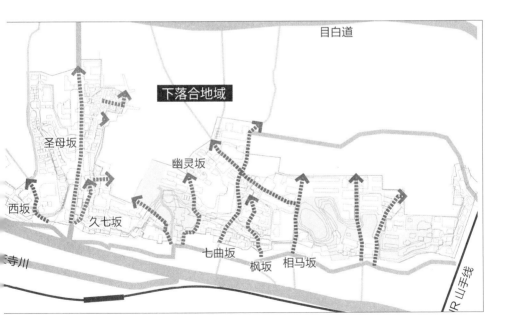

（2）衍生焦点的微高地

在比较平坦的地形当中构建居住地时，孕育出功能化、象征性地使用土地中细微高低差的手法。河川维持了稻作农耕——居住在泛滥平原的人们为了一面尽可能避免遭受洪水灾害，一面享受水资源的恩惠，在河川形成的小且高的自然防堤上发展集落。我们发现弥生时代的集落所遗留下的构造通常是在这种场所，与近世以前形成的平野部的集落用地存在某些共性。

石川县手取川处的扇状地形中，还保留着利用微高地形成的名为"岛集落"的疏散村，虽然向世人展示了当初的形态，而随着河川的修建和城市化的进程，这种场所基本都埋没在街区当中。即便如此，由于存在连接高低差地形的坡道，偶然被注意到的场所和具有特征的地名中也有很多使人发现这种余音的例子（图1-25）。

高出周围地形的土地被统治者作为安家之地使用。日本关东地区能看到许多以"馆"命名的地名，据说这种命名的由来大多是因为中世时期，贵族们的住宅（居馆）支配了整个地区。

这些馆通常被建造在能够遥望到平原地区的小高山和丘陵等地，成为从战国时期到近世的山城和山城的原型。近世建造的城郭通过在小而高的城山

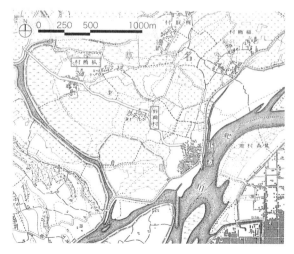

图 1-25 纪之川沿岸的泛滥源集落（明治时期比例图，比例为 20 000:1）

在和歌山市的纪之川右岸（北侧）有向人们展示了泛滥时期浮现出小岛形状的"北岛""孤岛"，还有显示了以往河岸边的"贵志"，以及以陆地尽头而有来的"野崎"等，能够看到体现了以往的河川泛滥源的遗址地名和向世人展示微高地打造的集落。

之上建立从远方也能看到的天守
阁，从而演绎出作为领地地标的
存在感，随后这些天守阁相继成
为统治的据点，在诸侯领地设立
了军营，幕府直辖地中设立了地
方官所。

在地域中的重要场所规划住宅
用地，布局在距离繁华的闹市地区
稍远距离范围内的较高地带，近代
之后转变为政府和学校等公共设
施用地，其中有不少延续了地域空
间象征性的例子（图 1–26）。

微高地自古被视为神灵圣地，
在日本能看到许多在此地形上设
立神社和寺庙的例子，出云大社门
前的"势溜"就被作为圣地的主玄
关而具有象征性。微高地成为从海
岸延续的沙丘地形的一角，浮出周
边地形的微高地，位于与岛根半岛
北侧相连的山峦相背的南侧出云
大社再向南 500 米左右的位置（图
1–27）。

出云大社的参拜道路自古以在
西南方向形成的经过门前町的路
线为主，直到近世后期，从微高地

图 1–26 足助阵屋遗址

以沿中马街道的驿站发展的足助，于 17 世纪时成
为旗本的本多氏的知行地，街道呈钩子状弯曲的
城市中心的山脚下规划了阵屋，遗址在明治时期
作为东加茂政府，现在作为县内设施（图片中间
的建筑物）。

图 1–27 出云大社的参拜道和势溜

位于出云大社神苑南侧尽头的势溜，在近代是牌坊
下的广场，但小而高的山丘像是圣城正面的玄关，
为了强化其潜在力，近代规划了以势溜为焦点的直
线形参拜道（神门道）。

到大社方向规划了新的参拜道路（松之马场），成为通往圣地的新入口。势溜衍生了象征着门前繁盛的广场空间，经常在这里举行歌舞伎表演和抽彩活动。最近从东侧到势溜的参拜道也是敞开的，形成了新的门前町等，来自四面八方的道路汇集于此，以至于到了近代，还进行了使地形具有象征性的视觉化空间整治。

由于明治末年开通了铁路（国铁大社线），在势溜南侧大约 1 km 的位置设立了大社车站，还规划了从车站到神社的新参拜路，这将松之马场路的轴线延伸到距离南侧 600 m 之外的堀川。

在堀川建造了栏杆两端大柱上设有宝珠形装饰的宇迦桥，由于笃志家的捐献，在北诘建造了钢铁混凝土制的大鸟居。直线道路两侧增添了松树作为行道树，经历了大正时期，小而高的势溜成为魅力点，为近代的城市景观添姿加彩。

以"神门大道"命名的新表参道，于近期将在近处修建沿道路两侧的旅馆、店铺和新电车地铁站，逐渐成为大社门前的象征性街道，使从远处前来拜访出云大社的人们产生古老圣城扩大了的错觉，这种大气的演绎均出自以微高地为焦点的构想。

（3）水际线的斥力与引力

自古以来，许多城市都是在沿河地带或河口位置发展起来的，河川和水路必然会划分城市和地域内外的区域。河川比起地形的起伏而言具有更为顽固的障壁，正如根据横跨隅田川的武藏和下综而命名的"两国桥"的例子那样，限制了陆地来往的河流自古便是地域的分界线。

即便是更窄的河流，居民区域以外无法通过的幅度较窄的不规则蜿蜒河流区域也有作为行政区域的例子。其中大部分都是从近代开始，由流过地形等高线和最低位置的河流而划分的山村和城镇，至今仍然保留。

文京区根津不忍大道内侧的狭窄蜿蜒的道路统称为"蛇道"，是位于本乡台和上野台山谷间朝不忍池下行的蓝染川的暗渠。这种狭窄的道路分隔了根津和谷中两界，成为文京区和台东区的行政界线。

前者是在低地中被规划性划分的根津神社的门前町，后者是包围了从坡面到高地规划的寺院群的寺町，在地块细分不断发展的现今也算有独特的氛围了，可以理解这样的地方也存在蛇道。从这一事实来看，能够理解居住在这片故土的人们是如何一边小心应对描绘了地形的水流，一边划分彼此生活领域的匠心（图1-22）。

直到近世，在河口部发展起来的大部分城市当中，从海河引出的船运路线、护城河和运河随之如网状一般扩散，扩张出横跨水路网的街道。水流细分构成城市的地区和地界，桥发挥了连接两地的作用。

从上町高地西侧扩张出的低处商业区不断发展的大坂坡道的城下町，以大川（旧淀川）的河流为轴线纵横开辟，15条水渠都体现出了水都的姿态。至今虽然仅仅留存了道顿堀川和东横堀川的印迹，可船场地区传承下来的以"桥"和"堀"命名的地区或"岛之内"等名称，刻画出了这种以往被水路包围的领域感。

如果以河流和水路来"区分"领域的作用来看，通过水路被明确划分的城市的某个区域，有时会形成具有独特个性的地域。

在大阪市，现今作为水都使人印象深刻的"水中岛"就是一个典型的例子（图1-28）。此地区夹在堂岛川和土佐堀川之间，且在近世建造了藏住宅用地，在近代土地利用的转换中认为其具有场所的固有性，并依次集聚建设了公园、图书馆、会堂、市政府等公共设施，是一个具有个性的市民中心。

同样地，作为福冈的繁华地带被众人熟知的"中洲"也如字面意思一般，是那珂川形成的中洲扩出的地区。此地区原本分隔了与那珂川处于相对位置的港町博多和城下町福冈这两个城市，也就是建立所谓的缓冲地带。同时作为这两个地区的媒介，由于此场所边缘相互重合，具有被水包围而作为异界的条件，而发展为如今的游玩地带（图1-29）。

图 1-28 中之岛俯视图

明治中期，规制作为大阪首个城市公园的中之岛公园以后，大正时期还建设了中央公会堂、市政厅、银行、报社等近代建筑，到了昭和初期开通御堂筋，由于架设了以淀屋桥为首的近代桥梁，发展为最大限度利用水资源的、具有包围领域特质的近代城市中心。

图 1-29 中洲的水边

以按照那珂川中洲的字面意思建造的中之岛町为中心的区域，规划为藩政时期位于老城区的福冈和商人区的博多的分界线布局的闹市街道，明治之后，汇聚了很多歌舞伎屋、艺妓管理所、饭馆、电影院等，奠定了观乐街的基础。夜晚水面映射的霓虹灯招牌的灯光也体现出现代的"异界感"。

另一方面，与城市发展密切相关的河流能够拉近两岸领域。

位于吉野川三角洲地带的城下町德岛就是水与领域形成明显关系的城市。以德岛城为中心的领域被新町川与助任川包围，被人们亲切并形象地命名为"葫芦岛"。

抓住这一点，虽然能够理解前文所述的领域性，但新町川发挥着护城河的作用，这里也曾是藩政时期装载德岛生产染料的船只交汇的物流据点。从近代到二战后时期，船运逐渐衰退，在城市化高度发展的进程中，一度将新町川仅作为区分城市的水流，通过开展城镇建造来还原水资源滋养的周边地区的故事相当有名。

从新町桥到两国桥，左岸是水际公园，右岸是甲板，中间建造了连接两岸的桥梁，市场买卖等活动期间一体化利用两岸，发挥了以唤醒城市繁华为目的的潜力（图 1–30）。

图 1-30 德岛市新町川周边

由于背对河川的城市生活形态，与新町川的亲水公园同时规划的甲板工程成为以水边空间为舞台的再生空间，从而发挥着创造城市魅力的作用。被水包围的中心城市街区被命名为"葫芦岛"，开展了各种活动和邮轮观光，作为水边城市的身份被活用。

此外，连接了被隔绝两岸的例子还有东京和御茶水附近的神田川。此区域在江户时期为了治水和船运，向隔田川方向开辟了本乡高地，是人工建造的溪谷。虽说深深印刻在土地里的溪谷是隔开两岸顽固的屏障，可直到近代，利用右岸空间铺设了甲武铁路（现中央线），同时还设立了御茶水站，架设了御茶水桥和圣桥。战后时期在对岸开设了地铁丸之内线站，融入地形的交通设施使两岸往来更加开放，御茶水的溪谷成为连接两岸的地域核心，在功能和形象两方面都发挥了很大作用（图 1–31）。

图 1-31 御茶水周边

江户时代开发的深溪谷，由于以铁道为首，衍生了地形和地下交通构造合为一体的特征型风景，还成为管辖御茶水区域的中心场所。

同样地，在河流中域的仙台市中心附近的广濑川也存在与城市相连的溪谷地形。建造城镇时，在广濑川右岸的青叶山规划了城镇，在左岸的河岸阶地规划了城下町，广濑川作为防御城郭的护城河，是分隔城市内外的天然屏障。

直到明治时期，城郭转变为军事用地，而二战后大学校园和美术馆、会议场地等公共设施聚集，成为对市民开放的空间。不久之后，两岸通过新型交通路线（地铁）的连接，不断穿过溪谷的这种具有丰富且独特的风景使两岸之间的往来更加活跃，人流驻足，或许能成为"杜之都"（仙台市的雅称）的形象代表之一（图 1-32）。

图 1-32 流淌于仙台市中心部位的广濑川

在仙台市，随着城市街区和青叶山相连的地铁建设工程，在包括西公园的广濑川两岸，展开了公共空间的重新整治工程。分隔了城市（老城区）和森林的广濑川两岸，如果成为供多数市民和游客休憩且绿植绵延的公共空间，这一带就会成为象征"自然之都"的一个场所而再生。

2. 微地形与人工基础

(1)领域的围绕

物理性包围出人们生活领域的手法是自古以来某些城市或集落的基本构成手法。为了预防外敌侵入，在欧洲和中国历史古都中，牢固的城墙包围城市的形态确立了城市的历史性。

在日本，近世时期这种手法在修建作为军事设施的城郭，在城下范围中一定区域利用洞穴、石墙、堡垒等围砌而逐渐发展起来，被称作"总构"或"总曲轮"。就如上一章提到的那样，以丘陵和微高地这些自然条件作为建造城镇的重要基础，并在此基础之上添加石墙等人工构筑物。

在其外侧环绕的护城河也巧妙地利用了自然河川，随后在此处引入水路等，并汇集了当时的土木技术的框架，成为人工建造的基础地形。旧城下町随着现代化进程，其内外护城河被填充，以往遗留的构造不断消失的同时，保留下来的水渠继续分割城市领域，这样的情况也不少（图1-33）。

例如，弘前的禅林街就是一个具有特征的堡垒。为了加强守护西南方向的弘前城下的里鬼门，建造了长胜寺。在其基础地形上，曾经沿着朝向山门方向的直线道路上汇集了曹洞宗寺院。称为"长胜寺构"的防御据点原本是

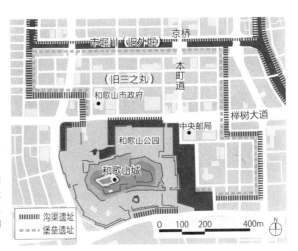

图 1-33 和歌山市堀川

在老城区和歌山，纪之川和和歌川之间有作为外环城河而开辟的堀川（现市堀川），以此为中心，包围城郭的沟渠被分出多个分支。从大正时期到昭和时期的填海工程，至今也影响着市堀川和真田堀川的城下水系统。

茂森山，开辟茂森山后在此建造，现如今为了包围寺庙，使用高度 3 m 左右的堡垒连接并隔离了北侧的住宅用地（图 1-34）。

中世纪发展起来的"环城河"环绕的集落和城市是在护城河的内侧挖掘护城壕，具有如欧洲城市一般的防御形态（图 1-35）。

图 1-34 弘前的长胜寺构的土堆

在占据弘前城下的总构的一角（外曲轮）的长胜寺构中，如包围寺町的土堆和入口的梯形等，现在也能看到藩政时期构造的防御设施的形态。

图 1-35 稗田环城河集落

以往的大和平原中经常能看到很多环城河，江户时代之后作为灌溉用的水路和蓄水池。这是中世时的集落为自卫而建造。稗田环城河集落是至今还维持其形态和功能的少数例子之一。

建造规模较大的环城河，除了在战国时期作为自治城市而独自发展的区域，在日本西部发展的寺内町，还有像今井（橿原市）那样在市区规划的环城河，乃至像富田林那样同时利用丘陵和阶地，并用石墙和堡垒来包围居住地区的例子也不少。在内侧的领域范围，通过细微的区域划分、以梯形和曲线视觉化覆盖的马路，来构筑高密度城市空间（图1-36）。可以说，明确的围绕装置的存在，孕育了在其中生活的人们之间强烈的连带意识。

图 1-36 富田林寺内町的土居（左）和街道景观（右）

日本战国末期开拓地利用了石川河岸阶地的富田林寺内町，是在高地上建造的，周围环绕了土居（土堆）和环城河的城市，之后发展为在乡町。至今仍残留着传达了土居遗构的石墙，寺内町的内部的道路交错，几乎没有直行的道路。

被圈定的领域中也能见到圣城和花街柳巷等"异界"的例子。为了与日常世界区分，就在这些领域的周边建造护城河等边界要素。

在河边围起来的神社院内和古坟，或者刚才提到的福冈的中洲等，虽然也有利用岛状自然地形的异界，可在以前洲崎的烟花巷、长崎的出岛等，由于在水际线附近配备了人工基础，所以产生了非日常世界的区域（图1-37）。利用了现代人工岛的主题公园等娱乐设施应该也能被归在这种包围领域的派别中。

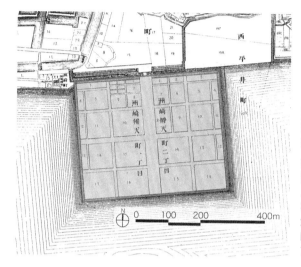

图 1-37 战前的洲崎烟花港附近（明治二十八年《东京实测全图》）

面对东京湾的这片区域，是江户时代的观光地，由于接入明治后期从根津转移的烟花港，在湿地规划中产生。烟花港由水路（洲崎川）分隔，横跨洲崎桥的尽头设计了象征入口的大门。

（2）防水和防风规划

为了使人们的居住环境免遭突然来袭的自然灾害，可以说是建造集落和城市的基本命题。古人并非仅仅是在自然地形中找到了稳定且适合居住的地域，而是加上了人造的构造物来构筑适应自然环境的空间基础。

特别是对于涉及生存的水资源的应对方式，也有直接规定土地利用和用地形态的情况。为了以疏通水路为前提的农业用地开垦，更优先在微湿地进行，自古为了防御自然灾害利用微高地的例子已在前文介绍过，随着治水技术的发展，人们开展了大规模的建设堤防工作，即便在个别高度的水平地块，也存在通过建造人工微高地来克服对水灾防御力较弱地势的良苦用心。

在关东平原的利根川、荒川流域见到的"避难小屋"，浓尾平原的轮中地带见到的"避难用二层库房"等就是代表例子。这些都是通过在平地上用土堆进行局部处理，在此之上配置守护家庭财产的仓库，这是用来防御水灾的装置。像围起仓库那样通过配置树木及石墙而使景观富有特征的避难小屋，成为能够远眺山峦的平野地区的农村风景的亮点，并成为独特的地标（图1-38）。

图 1-38 志木市荒川流域的避难小屋

现在，在荒川和新河岸川低地中间的志木市宗冈地区中依然能看到很多避难小屋，这里覆盖着茂密的绿植，形成了鲜明的田园风光。

在木曾川中州地区形成的崎阜县各务原市川岛町，为应对水灾费了不少心血，能看到高密度的集落形态。沿着狭窄道路的各个地块，能看到使用名为"挡土墙"的圆石堆砌的手法提升地基高度、限制地区入口，还有沿着道路围绕住户的墙壁等来尽可能降低水流浸入的做法。这是规划性地衍生出街道地基的微地形例子（图 1-39）。

和歌山县的纪伊大岛、高知县的室户、香川县的女木岛等，在西日本的沿岸地区，能见到为了防御强风和潮浪等守护集落，常用石墙等防御壁来包围区域的做法。

女木岛被称作"正门"的石墙是为了防御进入冬季后西侧强风的构造，面对风向每户排成"コ"字形汇集于此。虽然也有防御南侧的措施，据说这使朝向岛侧的西风因地形的影响而改变了风向，猛烈地朝大海方向吹，这种建造方法是为了使风从南侧吹去。沿海岸线 4 m 处连续围砌了石墙，在海岸前波浪能够到达的位置铺设道路，并且还发挥了防潮的作用。顺应自然地形和天气条件，产生了具有封闭性且坚固的围绕形态，这也是例子之一（图 1-40）。

图 1-39 川岛町的挡土墙

以往为了应对洪水而建造了很多挡土墙，由于发展治水项目逐渐减少。各务原市为了保全川岛区域的挡土墙景观而制订了景观计划。

图 1-40 女木岛的正门

以渔业谋生，以获得地下水而维持生计，是在受到强烈海风的海岸地带生活的必然选择。坚固的防风石墙是女木岛居民顺应风土的象征。

（3）住宅微地形

人工地块加高作为使街道之间产生高低差的做法被广泛使用。

鹿儿岛县内存在名为"麓"的旧武家町。住宅町是在藩土领域内为了使居民分散居住的萨摩藩的外城制度之下建造。正如其名，中世时期此住宅町在山脚下建造。被称作"高住宅"的出水麓的武士用地，被分置在河川的东西两侧，人们将它定位在南侧城山的小高地上。为了巩固肥萨国疆土，具有强烈防御意识的空间构成，在前文所述的布局特征中和在街区单位中都能见到。

为整治波澜起伏的地形而建造的网格状的街区，比街道路面更高且用地倾斜，因堆在外侧的石墙而更加坚固，在此之上使用篱笆圈围。为了上达地面，还在特定的位置贯穿了楼梯和门，必要时刻关闭各个大门，设计成街区整体为同一"阵营"的构造。这种源自防御智慧的地块构成，由方便使用的篱笆和庭院树共同伫立在沉寂与安静的环境之中，成为具有历史底蕴的住宅用地的基调（图1-41）。

武士用地的景象中常见住宅周边配置庭院用地，在近代之后继续传承到住宅街区当中。此时，为了远离道路以保护居住空间的隐私，住宅用地（庭院）会高于路面做加高处理，这种确保良好居住环境的做法也逐渐得到普及。近代，住宅用地在高且倾斜的坡面空间上建造，衍生出很多要素，在此意义上，这种要素是为了顺应自然地形条件而产生的人为要素。

虽然，我们已经见过多种地块上建造的住宅形式，可还有在二战前已存在郊外住宅用地中，基地使用了当地产的石材的特殊例子。例如，关东地区常见的大谷石的堆石和深深切入的阶梯混用的基地，为住宅用地的景观做出了一定的贡献（图1-42）。

直到20世纪，居住用地的地基加高做法，伴随着大规模的人造工程使地形发生了巨大改变。具有比地形的起伏更大规模的超高层建筑物、在混凝土

图 1-41 出水麓武士屋敷的基台

称作"高屋敷"的出水麓的武士宅地群，是支撑葱郁的住宅用地的石墙赋予其象征性。现在作为小学的旧御假屋的地块中也延续了武士门和石墙的基台。

图 1-42 东京近代住宅的基台

支撑了加高地块的基地映射出地域感。在近代之后开发的东京周边的住宅用地中也能看到很多栃木县宇都宫市产的大谷石素材。

建造的人工地基上构建房屋、使居住空间与土地相分离的技术等形式的引入，好像使脱离以地形的建筑形式构筑居住用地成为可能，这是对于建设技术期待过高的结果。

然而，土地上伫立的无视自然的生活环境，实际是建立在非常脆弱的基地上，可以说是如同砂上楼阁一般脆弱的状态，以过去东日本大地震为首的自然灾害证实了这一点。我们应该更多地去学习在顺应地形和细微的地势之上建造居住用地的技术。

第二章 规划街道

如果没有街道就没有城市。城市建设的基础是如何规划和形成街道。按这种说法，对于"规划街道"的含义也许首先浮出脑海的是执政者和规划师自上而下的城市规划，但还不仅仅是这些。如果立足于如何在各自的住宅门前及地块之内规划的话，大部分城市居民个别行为的积累会被理性地表现出来，会衍生出带有新颖意义的具有特色的街道。

在马路上仔细观察"规划街道"时，未必会注意到街道布局是以明确的意志为基础而规划和实现的。此外，从已建设的街道中解读出各种状态和条件，能从街道空间本身发现新的意图和城市的形成。

面向街道所有的建筑设施都有各自的固定区域。从城市角度观望这些建筑群，大部分情况下也可以说是从称为背景的街道上观望。这时，通过街道的形态定位和引导建筑物之间的关系，来赋予地区的作用及意义。

在论述关于城市空间构想力的基础之上，顺着空间来描述街道中的意义，这已成为基本的思考方式。某条线性的道路会赋予城市怎样的意义、如何激发人类的行为活动、多条道路组合如何构建城市，我们从空间角度来解读以上问题。引出人类所积累和衍生的城市历史，从亲身走动、身处现场、感受人流来往去构想城市行为或许是第一次。我们通过体验来往的图像，去试着首次从体验"规划街道"的构想角度来进行分析。

一、编织城市

道路是如何被规划出来的？从方便通行的地方出现一条道路开始，随着人们的来往线路逐渐累积重叠，会产生固定的路线，然后产生街道。街道是从作为城市原型的集落时代开始，街道是人类经过逐年累月的来往而形成。本章中，我们从街道的形态来解读城市构想力，整理了从街道的自然产生到人为设定、街道的形成与"编辑"、规划街道的布置、多条街道等角度来俯视城市构成。

1. 插入地形和历史

（1）从山脊道和谷道派生

自古以来，道路都是由于人们的往来行动而产生。此外，还能够通过描绘自然地形的步骤，从而形成道路形状。人们往来于险峻地形时不会直接与斜面交汇，而是以蛇形方式前行。这种蛇形轨迹经过多次重叠形成道路。此外，一旦投入使用，人们就不会特意经过那些有起伏的道路。人们考虑尽量前往具有一定高度的目的地，随之，在具有起伏的地形中，山脊道路和谷道在一定高度位置中规划并产生。

从解读地形和街道的关系来看，东京是个不错的城市。实际上在临近东京大学附近的文京区后乐园周围散步的话，大抵会经过山脊道路和谷道。本乡的向丘高地是位于神田川北侧位置的高地，河川边际就是小石川后乐园。形成舌形高地的向丘高地中部作为山脊道路通往本乡路（中山道）。与本乡路的山脊道路并列进入的谷道能通往白山路。本乡路东侧的高地下行边缘便是不忍路。通往文京区西侧的护国寺前的谷道正是利用了所在地形而成为参拜道场所（图2-1）。

到了近代，为了改善交通状况，南北通行的不忍路与白山路相接，规划了穿行东西向的春日路。我们知道春日路是为了连接两条南北延长的山脊和山谷而规划的道路。此外，仔细观察从山脊延长的支路，能够发现每个山脊和山谷都衍生出了道路网。

从整体来观察很难看清的东京构造，道路网格是根据以地形为基础的小单元而规划出来的。这里有根据人们行动往来和规划意图而利用地形的山脊道路和谷道，还有从此处延伸的道路中构筑了维持地域中细小生活的网格。

　　另外，人们有时会靠近地形，有时会抄近道上下往来，以水从高往低流的定论为依据规划的道路就是水渠。这采用了山脊道，从离水源近的高地向低地方向的道路。像选定宿场的位置那样，山脊道的主干道中有很多与水渠并行的情况。由于重点着手于水渠和地形，以及合理地解释地形，我们能够发现人员流动与农业及生活用水使街道形成一个网格（图2-2）。

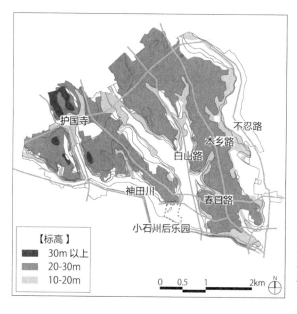

图2-1 文京区的地形和主要街道

解读山脊道路和山谷道路的道路系统的话，能够从沿地形的街道组合来理解山脊和山谷的街道网。

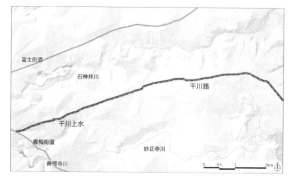

图2-2 千川上水的山脊道路

千川上水在被石神井川、妙正寺川等夹着的山脊道中的水路，与街道（千川路）并行。沿千川上水的街道出现集落，在从上水开始南北方向的低地势农业用地中，配备了农业用水，形成了网格。

（2）被编织的街道

随着时光流逝，很难发现以往主路为基础而派生的街道网具有一定的模式，而且很不规则。虽然不能发现清晰的街道网，却能发现积累个别模式形成的道路网格，衍生出顺应细微场所条件的景色，并以多种形式结合。通过以多种形式插入网格的细节空间和景观型节点，使区域具有更为丰富的特质。

虽说无论是多么不规则的街道网，一定会有作为"框架"的道路。这其中大部分都是近世之前的主路，原本是在城市出现以前形成的农村道路。道路具有连接两个地点和划分一定区域的功能，可是成为框架的道路原本就比较具有主导性。

同时，连接两地的道路并不需要直接连通。为了顺应土地中细微起伏等地形条件，结果就是道路的蜿蜒崎岖。沿着这些道路建造建筑物，有时不能直接打开前方的视线，随性前进的风景片断不时呈现。即便看不到前方的景色，但却可预知接下来的道路，于是就能够识别成为框架的道路。另外，随着城市化发展，人流量多的主路上店铺琳琅满目，附近也呈现出商业街的景象。无论是景观还是功能，都具备框架的特点。

另一方面，成为框架的古道上，到处都有单侧的岔道。这些岔道切分并开拓出框架道路后的一个整体区域。派生的道路很少有贯穿框架的道路，并成为 T 字形道路。这是在框架道路的基础之上，枝繁叶茂般地产生新区域，框架道路上可见的 T 字形道路群明示了这样的"阶级系统"（图 2-3）。

经过一定时间而形成的道路网，往往形成顺序，它会自然地将道路的性质分层，表现出不同的形态和景观。这种区域中，对第一次路过的外来者没注意到的树木、房屋的外墙和篱笆等进行设计，通过这些细微的标记使居住者不迷路（图 2-4）。为了顺应地形的蜿蜒小路和坡道等进行设计，这些具有特征的街道形状也能影响沿道路两侧的建筑物或构造物及树木等的方向，这是因为这种道路形态会产生细微的路标。

图2-3 成为框架的古老路线中常见的 T 字形联排（涩谷区西原 1～2 丁目）

以往蜿蜒曲折的农业道路在城市化进程中，由以往路线派生的街道逐渐延伸。

于是，以往路线呈现出 T 字形路段。老路连接集落，不从 T 字形路拐弯一直前行，可以通过下一个集落和城镇。

表示道路形态的细微地标

根据道路形态产生的其他细微地标

图 2-4 嵌入不规则街道的细微地标（新宿区北新宿 2 丁目）

在顺应各个条件循序渐进而形成的不规则道路上走走的话，很难一次就掌握整体构造。然而通过其中微小又没给人留下什么印象的地标，能够得到认识空间的线索。

刚才提到的 T 字形路和蜿蜒小路的区域，无法打开视线，遮挡前方的要素过目难忘。另外，拐弯地段的建筑物和街门等要素也会影响人们的印象。像这样的地标不一定是城市中大部分人们所共有的公共空间。甚至是居住者个人的行动轨迹里无意中形成意识，像是捕捉生活领域的线索一样，可以说是细微的地标（micro-landmark）。在地图上捕捉不规则的街道网，虽然也能看到这些主路被埋没，但是通过表现出"框架"这种具有特色的景观，在实际体验中，就会浮现出统一街道网的功能。

（3）刻有历史的街道

在从国家到自治体的管理系统之下，日本全国的道路被统一化管理，国道以下、都道府县道路、市区町村别道都用号码命名。然而，也存在与此不同而使用其他方式命名的道路。例如，存在延续中央集权制度下就使用的原本名称道路。此外，还有融入特别意义而命名的道路。

例如，这里自古产业链发达，人与物的移动活跃有人以此命名道路。名为"盐之路"的中马街道曾作为保留了物流历史的道路而发展。还有以生产丝绸闻名的八王子地区，由于在近代之后富国强兵政策中输出丝绸，一直到横滨的交通网都受到极度重视，交易往来发达，从八王子到横滨的八王子街道被称作丝绸之路，成为生意人和物品往来的通道。明治维新以后，政府将此段交通划为主要道路。

由于这些道路连接了作为物流据点的零散地区和中转地，命名街道时，道路空间被赋予某些意义，在道路网格中强调了自己的特征。虽然这些路名并没有对街道空间本身做出大的改造，但却在具有意义的空间中宣传街道，作为媒体而发挥作用。

另外，刻印历史的街道原本并非街道，而是以其他目的牵引出的线条，这些线条作为街道而浮现，由于特殊的线条而形成具有特征的街道。

东京的荒玉水渠于 1934 年（昭和九年）用于多磨川从世田谷区砧到中野

区野方、板桥区大谷口处配水而修建。地下铺设的水道从世田谷区砧到中野区野方直线延伸，竣工时一并铺设了地上部分的人行步道。为了配水而规划的直线和周围的集落以及与集落相连的街道不同，随后以水道命名的道路在此区域中大放异彩（图2-5）。

图2-5 东京荒玉水道道路

为了合理配水而采用直线道路，由于道幅并不宽，从人们的最高视点，能看到这里与周围环境很好地融合。但是，却像是将东京中央区夸张地举起来一般，在这里衍生出纵贯南北的特殊道路空间。

2. 规划主干路

（1）象征规划

规划城市街道时，在古今东西的城市中心区域都会规划主干路。在城市中作为城市亮点的道路特意采用宽阔且直线延伸的街道空间。街道系统的主干路，不仅承担着交通运输功能，还被作为城市的象征。街道并非仅仅肩负着作为城市框架的人和物运输来往的功能。作为这种印象型街道景观，会放置象征城市的纪念碑，人们还会留下来往娱乐场所的记忆。在近代，通过来自欧美的巴洛克式城市规划手法，规划了上述典型道路，如：东京站、滨町公园，还有国会厅等的前方道路。在这些街道中，沿道路两侧的建筑物群和行道树与周围城市空间统一，形成了壮丽的景观。

思考街道的象征性，可以从这三个角度来考虑：直线型线性街道空间具有的象征性、由于往来的人与物等赋了意义的象征性、根据主干路与街道的关系产生的象征性。即便在日本，基于以往的参拜道形式，也必然会产生主干路。例如长野市善光寺的中央路，以坡面为舞台，从山门到本道压倒性的轴线上展开了象征规划，这种技巧随处可见（图2-6）。

其中，明治神宫外苑美术馆前有一条种满银杏树的道路，能称得上是近代规划中代表东京的主干路。明治神宫内外苑规划中，圣德纪念绘画馆作为外苑的象征规划在与青山路垂直相交的轴线上。银杏行道树一直从青山路蔓延到美术馆前广场前的喷泉处，这里成为从远处眺望美术馆的场所。美术馆的距离得到强化，成为通常远景中眺望象征建筑的"装置"。在近代化过程中，从规划新的象征场所的角度，印象化地设计到目的地的距离，同时以"演绎空间"为目的的规划被广泛实施（图2-7）。

另一方面，存在用过去的与某些现代象征相对的形式作为标志来规划、强调主干路的例子。代表日本且被评为世界文化遗产的白鹭城所在的姬路市，原本是占据了白鹭城正前方轴线（大手路）的清晰的城下町。到了近代随着铁路的铺设，从近世开始的轴线上设置了站点，实施让人们从车站下来能够直接观望到白鹭城景色的城市设计。大手路现在具有的象征性来自于近代的轴线，这一点毋庸置疑，由于联营公司设置象征性的火车站，提高了象征性在区域的指向性（图2-8）。

图2-6 善光寺中央路
在以斜面为舞台的主要轴线配置了标志性的山门。

图 2-7 明治神宫外苑美术馆前

通过规划竞技场和森林等周边环境与调整后的行道树衍生出具有特征的轴线。

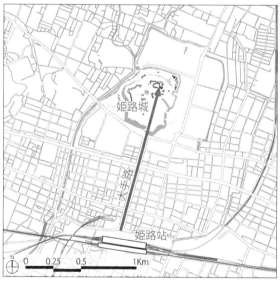

图 2-8 姬路市大手路

在姬路城和其前方的轴线设置了车站，形成连接近代和近世的轴线。

（2）打磨出的道路

主干路的轴线，有时通过既存城市空间的构造来定位方向性。在日本，近代的主干路在全国范围统一规划，是一项战后复兴事业。代表性的例子有广岛和平大道、距离名古屋久屋大道 100 m 的马路以及仙台市青叶路。这些道路都配备了街道公园，不仅是路幅宽阔的街道，还成为人们的休憩场所，形成具有使行人与休憩的人们相遇特征的城市景观。

鹿儿岛市曾是近世作为萨摩藩的据点而繁荣的场所。由于萨英战争、西南战争、二战空袭这三场战争，多数建筑物葬送火海，而能够观望到樱岛的向鹿儿岛海湾方向延伸的扇形街道网却留了下来。随着不断激活城市的构造，在战后复兴事业中，扇形街道网与大海和山川相连。在 1937 年建造的逃避战灾的市政府办公楼前，通过战后复兴，新设了使市政府作为亮点的街道。从市政府前宽阔的草坪广场处蔓延的街道能够看到大海，近世之前的城市框架被强化，打磨出主干路（图 2-9）。

（3）并行的新路与旧路

虽然没有称作主干路的街道，到处都有作为城市庄重舞台的街道。我们将平缓并行的两条街道看成一对。能够最明显作为整体的是新路与旧路的模型。直接在旧路的侧面铺设新支路，旧路为了维持步行道的繁荣，新路发挥着机动车道的作用。例如，明治时期作为主干线被拓宽的不忍路与之前的小河川沿河一带的蓝染路通称蛇道（东台区、文京区）以相距 50 m 的距离并行。道路两侧的高层公寓一致使用宽度大的墙面建造，"外侧"的不忍路与包围低层住宅和熟悉的商店"内侧"的蛇道形成对照，很有趣（图 2-10），经过数公里还能往返。其他还有"外侧"的明治路和"内侧"的 cat street（涩谷区），以及巢鸭（丰岛区）的"旧"中山路（地藏路）和"新"中山道（白山路）等，到处都存在这种构造。线性、功能、宽度等，创造出一切按照对照性的两条轴线互补的具有层次的城市。

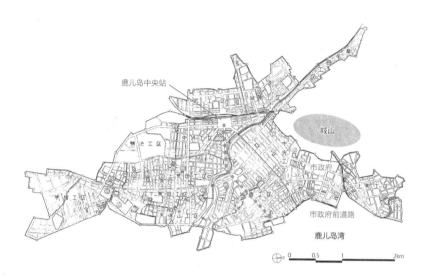

图 2-9 鹿儿岛战后复兴街道

鹿儿岛复兴土地规划整治设计图（上图）、鹿儿岛那不勒斯路（左下图）、鹿儿岛市政府前道路（右下图）（向作为近代的城市框架的大海而绵延的扇形街道的延长）

图 2-10 山谷中的蛇道

并行的两条道路不仅对照出幅度和街道线形的差异，往来的焦点还使城市更富有层次感。

　　然而，也存在并非新与旧、内与外等截然不同的对照。在神保町（千代田区），背后繁华的铃兰路和表面的靖国路浑然一体。本乡菊坂町（文京区）就是"背后街道"下坡明显，产生了到上坡的环绕，是使城市空间增加层次感的例子（图 2-11）。此外，复数构造使这种魅力最大化发挥的是，从性质不同的两个轴线让人们看到无法解决的"对比"间的抗衡。这种抗衡的例子有，呈现出被称作"扭转"的复杂形态的街道中的阿佐佐谷（东京市杉并区）。

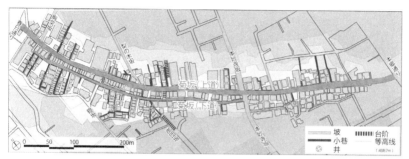

图 2-11 本乡菊坂町的上下行路构造

两条山谷道路，上下行路之间均由阶梯相连。表现出外侧（上行）和内侧（下行）强烈的幅度对比、车流量和光线的差距。从上下行道路上，悬崖下包围着挖掘的井，小路像树枝一样蔓延。几条的险峻坡道成为往返高地的道路。

位于阿佐佐谷站南出口、镰仓旧路的珍珠中心商业街是自然的蛇形道，从车站通往青梅街道。二战时期以疏散带为起源的中杉路上排列着庄重的榉树，是从车站到青梅街道的杉并区官署直线形的象征主干路。一度分离的两条路，由于一座建筑而靠近、交汇，又再次分离。除了连接两条路的几条小路之外，来往于两侧入口处店铺的人流移动让人目眩。让人想顺便去逛逛被店铺的后门分隔并从缝隙中窥视到的另一条路。作为主要街道的中杉路步行街，店铺的后门紧密相接，使人感到深巷子的乐趣，也让行人头晕目眩。

夏季，在强调人工性的直线形中杉路上，茂密的树木遮盖着天空，高调地表现着林荫道。自然产生的蛇形珍珠中心也很坚挺，用七彩装饰品来点缀人工顶棚的拱廊（图 2-12）。

分岔口附近的建筑物内部设有通廊对外开放的通廊，并与两条道路相连。

建筑物一层部分贯穿着通廊。正发挥着连接两条街道的力量。

两条道路上，能通过建筑物的围墙看到相互的风景。照片是从珍珠商业街一侧看到的景色。

连接道路的小巷人来人往，围墙上涂画着透露着生命力的涂鸦。

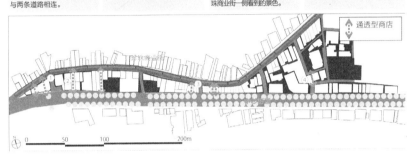

图2-12 阿佐佐谷中衫路和珍珠中心商业街

是走林荫道中衫路还是走珍珠中心商业街？步行者通常会一边选择一边前行。进入连接横向的胡同的步行者，找到与原本道路并行的道路并能再次返回。两条道路相交相错、蜿蜒连绵。穿向对面还是就此前行？使步行未知感更加强烈的"复轴"构造增添了城市的环游性。

3. 设置网格

（1）平均的网格

街道与街道交错的城市形成一个平面区域，能够从中发现街道组合出的模式。人们将人工且传统型的街道作为模式，根据网格从古代到近代以至于到现代来营造城市。在日本，随着中国古代里坊制的引入，京都经历南北朝时代等，城市形态不断变化，直到现代也基本保留了网格模式并持续发展。到了近代，城市规划在合理化进程中，均衡了地形和社会系统，同时产生了网格。

进入明治时期，在城市化逐渐扩大的东京，郊区的住宅用地开发开始盛行，开展了以武藏野高地为中心的备用农业用地的整治土地规划，同时开展大规模的土地改造。网格模式有时根据角度而调节分配，根据武藏野高地流淌的小河川形成的微地形而揣摩高低差，使土地均一化成为合理化整治街区的模式。这种被平均、被分割的地块，由于大量的人流移入，创造出大众可接受的基础环境。

井荻村建于二战前的 1925 年，经过了多个时代的变迁，时至今日，虽然在坚如磐石的城市地基上建造的住宅模式单一，但是能从住宅的外观发现多样的生活方式和居住理念（图 2-13）。

在生活当中巧用网格的例子还有针对农业的应对策略。北海道斜里郡小清水町的网格状农业用地中，为了遮挡来自山峰一侧的大风，沿着网格状的农耕地边缘种植防风林，以顺应自然地形及气候的形式强化了网格。也可以说是为了顺应自然环境，由于平均土地而产生的网格（图 2-14）。

图 2-13 衫井区井狄町
上图为衫井区井狄町规划整治组合区域最终效果图（1935 年），以网格模式为基调的空间形成系统超越地形构筑了城市。

图 2-14 北海道斜里郡小清水町防风林网格
防风林和道路形成的网格交织出平坦的地形。

（2）使网格分割差别化

在城市中构想网格模式时，可能构想了以某种纯粹的网格模式作为模型。然而，实际这样无机质的网格并没有展示出其形态。其中，街区的规模和形状、轴线方向、方位、街道的幅度及构成（强弱），或在此之上建造的建筑物的形态和土地利用、与城市设施的关系等要素中的差异作为网格中提供特性的要因而运转，通过这些组合及变化的顺序，看似相同的网格模式也会逐渐多样化。

有时，由于网格模式细微的改变，同样形状的地区特性中也会衍生差异。江户时代的东京具有代表性的下町网格，特别是中央区的银座和京桥，即使相邻，现在也成为氛围完全不同的城市。江户时代初期，在日本桥到银座范围建造了京间（日本柱间尺寸标准，以 1 间约为 1.97 m 作开间）60 间的正方形网格。1657 年明历大火事件之后，由于住宅用地不足，街区中心规划了新的街道，设置了正方形街区。具体是将正方形街区三等分，实行两道通行，形成了长方形街区。在银座以日本桥路（现中央路）为轴线，将街区排列分割为边长较长的长方形，京桥相对轴线被排列分割为边长较短的长方形（图 2–15）。

在现今的银座和京桥走走，会发现银座地区豪华大道和绵密小路的内外特质明显，而京桥地区却是繁华地段均匀分布，马路变得如网格孔一样。街区分割与中心轴线（中央道路）平行的银座，因街区分割而形成的街道相对主干路具有"内涵"特性。然而，由于此街道在与轴线平行的长边方向一直延伸，即便在内侧，也会使行人来往频繁交汇。

另一方面，在垂直于轴线方向的分割街区京桥，兼顾主轴线及主干道的每隔 20 间左右的距离被分割，不仅表面的特性被削弱，向东西向的横向动线支路比较多，特别是比较重要的街道并不明显，包括街道分割，还保持着均质的自由。

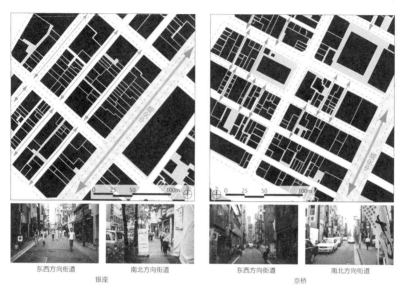

图2-15 银座和京桥的街区划分（比例尺）

从建筑方向眺望网格，能看到不同的体系。在银座沿街道方向上，建筑物紧密相连，规划出体现构造的街区。另一方面在京桥存在很多贯穿街区短边方向的马路，分割出多个街区。马路对面与银座呈90°方向的建筑物成排。从京桥的地块规模的狭窄区域直到沿着巷子的区域，都排布着建筑物。

（3）由提供了流动性的网格转变而来

网格同时还作为新建城市空间形成法，这种手法是通用广泛的系统。然而，在近代以后形成的城市中，彻底的新建城市很稀有，对自然（地形等）的褒贬和多多少少的人造空间的介入行为早已存在。为了适应这些现实空间的"调整"，引发了理念性网格的变革，形成多种多样的能动型空间。

地区的主要道路虽然是网格，可仔细观察地区内街道的话，难以发现非格子状的街区分配。练马区中村地区是在二战前的农业用地整治中产生，战后成为住宅用地。区域整治时，对此区域的中新井川和河流产生的洼地进行排水整治、水道替换等工程，形成规则的街区配置。因此，此地区成为道路的交通流量较小、步行者容易通行的空间。

新宿区早稻田鹤卷地区基本都是战灾复兴区规划整治的地区（图2-16）。从历史角度来看，现在通往鹤卷南公园旁边的道路曾是下行到神田川湖畔的道路。规划整治项目调整了这条路的弧度，可也只是调整了弯曲道路，并没有重建。

还有为了顺应地形差，街道蜿蜒向前，看起来从地区外部到内部忽隐忽现。因此，为维持没有墙壁的开放网格的特性，内部衍生出半开放空间。网格与网格地基的地形之间的调节使网格崩溃，得到了本来没有的多样的"流动性"。

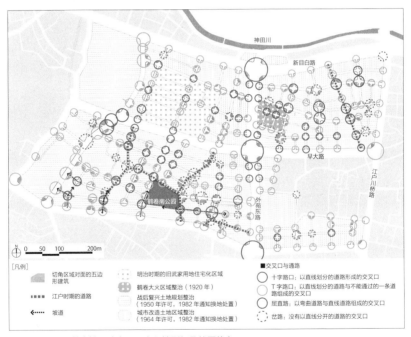

图2-16 早稻田鹤卷地区（由于历史和地形打乱的网格）

于明治时期在地区西北部开发的旧武士用地的长方形街区群，与其他时期开发的街区群相比，街道幅度并不相同。明治时期开发的街道宽度较窄，能够通过的交通数量也较少，成为安静封闭的空间。同时，明治时期开发的街区中，交叉口处没有街角，由于建筑物都建造在街道周围，也容易与街道景观接触。另外，观察平坦的北部区域能看到街道一点点地弯曲错开，以"T"字形路拨开人们视线的场所非常多。由于这些马路互相错开，街道景观被平缓地封闭起来，形成一个小地块。即便这些小小的特点共同拼凑在一起，网格也作为整体保持了整体的和谐感。

另外，此地区通过四个不同时期开发的网格街区组成，每个区域在面积等方面的空间特性各不相同。不同时期开发的街区临界区域使用 T 字形或曲线形的十字路口作为各领域的缓冲带来阻隔各个街区。说起来网格是通过汇总某个时期一定的区域，通过再开发来确保连接街区的手法。然而，在早稻田鹤卷地区，根据开发时间的不同，每个区域都具有各自独特的空间，作为以往开发中的授予条件，整个地区成为其中一个统一的空间。

（4）产生异界的"岛"网格

到现在为止主要阐述了网格内部的内容，而另一方面，网格城市和之外还存在为了区分区域的网格。不难想象将原城市与荒野区分的手法，而且存在用网格使城市内部的某一部分异质化的手法。代表是新吉原的花街柳巷的轮廓等，作为偏离既存城市的场所而骤然出现，这与既存城市的方向性无关，是直接被插入进来，由于其距离感而保持了一定的边界性（图 2-17）。从大火事件后江户市中心转至郊区的新吉原来看，虽然当时确实以岛状形态与原城市分离，可随着城市化发展，沟渠也逐渐消失不见，这能看出吉原的边界性并不稳固。基于当时的这些规划意图，可以说现代城市化隐藏了不同性质城市并存的状态。然而，周边的城市化道路延长线方向和吉原网格的轴线之间的"偏移"，在今日仍被传承，稳定地保留着不同性质的地域性。

横滨华人街位于横滨新田周边的外国人滞留地，这条街道以在日工作的中国人在此居住为起源（图 2-18）。周围开发纳入横滨城市基础整备当中，故此地区的开发较迟缓，并继承了新田的地块分割方式。由于存在方向性，直到现在此区域也与周围网格方向不同。因此，边界内侧具有华人街特质的岛网格，因形成时间较晚反而大放异彩，不仅没有被埋没在城市化进程中，还充分地凸显了与周围地域不尽相同的空间。在网格边界区域里的大马路上能看到象征着异界的大门。

图 2-17 新吉原（红色是现代的街区分割）

来看看江户末期的图纸，新吉原作为从周围被分隔的岛状城市，城市轴线中不同空间相互并列，柔和地保持着个性。

图 2-18 横滨华人街

这里并非只有在东西南北侧设置大门的中国传统型门的形式，现今设置了更多的门，进一步强调了具有异国风情的领域。

二、规划街道场所

我们在论述城市空间的相关内容时，在多个场合论述街道空间。有时，街道作为人们活动的舞台，而城市空间本身也是这样。本节中，将讨论作为舞台的街道形态，从街道形态的特征来解读城市和地域的丰富性。解读赋予街道空间具体的意义以及产生作为"舞台装置"行动的空间。其中，我们将论述街道所具有的城市空间中所蕴含的场所性。

1. 十字路口处储备力量

（1）构建一览无余的结点

路口、巷子、岔口等人们来往街道的交叉点（岔路），自古以来就是建立集市的场所，在近世则设立公告场所、岗哨所等，都属于重要场所。在中心场所设立纪念牌，这与作为明确的城市中心而存在的西欧广场不同，结点的特性是表现出空间形态、关联要素、人类行动等，具有作为场所焦点而提醒人们关注的特点。这些路口，像银座4号路的交叉口一样，建筑物以路口为平面产生"表情"，在空间中衍生出使区域具有代表的"特异点"的力量。这无关于空间规模大小，像在西荻洼的小商店面对着的十字路口，"演绎"广场这样的场所也极具可能性（图2-19）。

图2-19 西狄洼井狄耕地整治地区的交叉点

由于整治耕地而产生的住宅用地内部，各个角落都建造了相应的商店，焦点像是汇聚在交叉口一般，虽然略显单薄，却能作为此区域的广场空间。

此外，路口空间在城市空间中，由于通行会阻断活动，使其停滞。因此，衍生出在直线街道上活动时无法发现的余留空间。道路和水渠相交的桥头并不是像道路之间直接相交的形式那样，这是由于架设桥梁而产生出具有上下空间结构的独特的街道空间。桥头的作用是确保当地人聚集的宽阔的空间场所。在船运衰退而使其功能性意义削弱的现代，掌握城市、紧扣景色的桥头依然是城市的重心。

在江户时代就以商业繁荣为傲的千叶县佐原，作为到江户的船运据点，且连接了小野川和香取街道的结点，自古就是城市中心。即便是现在，忠敬桥仍然是佐原的象征性场所，还被作为据点，展开如城市保护等活动。站在桥上眺望香取街道时，能看到街道两侧的商铺，眺望小野川沿岸时，能看到沿着河流和两岸的商铺和杨柳，这成为佐原的景色之一（图 2-20）。

图 2-20 小野川与香取街道相交的忠敬桥（千叶县香取市佐原）
佐原的城市构造，打造了以这座桥为中心的老街道，桥诘广场成为能够一览地域景观的象征型空间。

（2）聚集领域焦点的特异点

虽说日本城市采用的是难以兼容向心性的整体构造，但岔路既是领域之间的焦点，也总被喻为日本的广场。岔路具有各种各样的形态。而在江户，如顺应地形的功能性街道模式所覆盖的近山处等，存在许多不完整形态的三岔路和四岔路。这里蕴含了由"点"（岔路）汇总出"面"的空间手法（图2-21）。

在既存的岔路上引出新的道路，从而形成复杂的岔路。在这样的岔路上，增添了树木和神社牌坊等地标，释放出某种引力，强化了作为焦点的性质，自古便成为领域形象的中心。中目黑八幡的岔路（目黑区）在周边地区住宅化进程中加设了新道路，由三岔路演变为不完整的四岔路的交叉口，而作为住宅用地的焦点浮现。

繁华的商业用地交叉点通常位于附近的公交站或地铁站，成为人流往来的据点。大部分情况下，在这些交叉点中，不仅是拐角地段对面的建筑物，街道的处理手法也提高了视觉性形象。由于战后复兴事业而整治的涩谷中心街（涩谷区）是朝向站前交叉点而设计的弯曲轴线。像在宽幅街道上规定街角一样，在这样设计的中心街门中，由于添设了门型的暗示，以及街道幅度的相对狭窄和在带角度的地块上建造的建筑物形态等，交叉点成为吸引大众

图2-21 不规则岔路

在宽阔道路的交叉口规划商业街入口，在其他地区也存在。从交叉点对面观察，因街角划分而扩张的交叉点牵引出大门，且交叉点成为大门前庭的空间，强调了向内延伸的起点作用。

眼球的存在。在神田神保町的铃兰路（千代田区）沿着骏河台的地形而蜿蜒的靖国路和从高地下行的千代田路的交叉点处开设了入口，门型纪念碑相当吸引大众。白山上的交叉点（文京区）的岔路构造与江户时期相比并未发生改变，但只有既存宽度的一条商业街未被扩建，以同样的形态保留下来。

有一些通过规划打造作为地区焦点的特色岔路。在由于明治时期之后的住宅用地开发等产生的森川町（文京区）和三崎町（千代田区）的岔路上，巧妙地使地区内的街道之间产生联系。浅草六区的百老汇（台东区）也存在非常惹眼的五岔路。曾经浅草寺的消防场所一带随着明治初期的浅草公园地块整治，被规划为娱乐场所。那个时候在大水池存在的影响下而衍生出岔路，从明治后期到大正时期被定位在电影院、剧场繁多的六区焦点。水池在二战后被填充，以往的样态虽然大变，可即便是现在，五岔路之间也在竞相争艳，多条商业街相互交错，能够在视觉上意识到其尽头向外延伸。

（3）映射了异方向的近代十字路口

旭川市中心地段的西北边缘有一条非常醒目的交通环岛。以地区命名，称作"常盘环岛"的圆形交通广场成为街道正面耸立的标志，这一点毋庸置疑，不仅如此，在街道平面的规划方面也成为独特的区域（图 2-22）。横跨石狩川和忠别川之间的中心街地区，大抵是由东北向开拓时期的精细网格形成，

图 2-22 成为区域焦点的"常盘交通环岛"（旭川市）

在日本少见的交通环岛不仅仅作为交通的一个据点，还由于多条街道在此汇聚而成为焦点，正因为是向各地前行的起始点，才显得尤为特别。

可由于在昭和初期被牛朱别川代替，使此区域与偏向石狩川 45° 的轴线（常盘路）相连，故在尽头处能看到石狩川上架设着雄伟的旭桥。常盘公路位于中心区域网格配备的缓冲空间，成为近代河川工程及城市基础设施一体化整治背景下富有激情的城市建设印迹，现在也作为区域焦点，成为旭桥的标志。

（4）广场空间的休息区

街道的扩幅和街道尽头所能包涵的范围，让城市迎来并形成产生滞留的装置。成为街道的广场通常来源于具有近代城市特征的街道，如：广见、瓮城、桥头广场等。以前，这些为城市防御而布局的空间作为街道尽头的公共空间存在于道路延长线上，随着空间形态和人类活动的开展等，成为城市的重要场所。

长野县奈良井宿有传统式宿场町的传统街区（图 2-23）。步行至宿场町的正中心位置，此街区街道两侧，设有宽度为 1 m 左右的空间，作为街角广场而使用。虽然宽度只有数米，却能从连续的街景看到前所未有的建筑物侧壁，在这中间衍生出停车区域以及放置物品的空间和人们交流的活动空间。

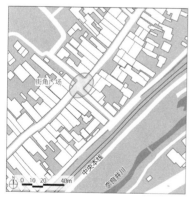

图 2-23 奈良井宿

如果将线状街道的城市看作连接城市与城市的点，可以说其自身为游客提供了休憩的宽阔场所，可宿场内细微的街道空间的扩散，由于具有广场型功能而更加强调了宿场町的城市功能。

石川县金泽市的东茶屋街的入口处，在四个方向都存在包围建筑物的广场空间（图2-24）。这些空间在狭窄的街道尽头汇合，路幅延展的空间称作"广见"，据说藩政时代为了防御火灾，消防区域作为防止火灾蔓延的场所而产生。微妙交错的街道终结了一个场所，由此而来的位于东茶屋街道的广见如今面貌全非，成为游客众多的繁华空间。穿过用石板铺设的广场，迎面所见的卯

东茶屋的广见

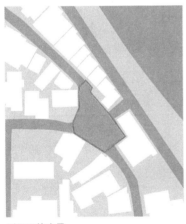 

千日町的广见

图2-24 金泽市东茶屋街的广见、千日町的广见

广见不仅在东茶屋街，甚至在金泽的各个地方都能看到。广见的功能作为消防用地，不仅仅具有城市中防御据点的功能，据说曾经也是公告牌和街头传教的场所。那时，具有多种使用方式的广见，还添加了植物和长椅，不仅仅作为地标，还被定位为形成社区的目标场所。

辰山，在其两侧形成了由传统的町家构成的茶点街。这样一来，东茶点街的广见不仅连接了从现代化街区逐渐到传统街区所残留的区域，作为力求朝向历史性街道的引导场所，为进一步深化城市街道印象做出了贡献。

像这样的街道中，有小空间隐藏小型景观的可能性，居住者和与此空间发生关系的人们下的功夫和花费的心血，使得城市大放光彩。这也许未必是具有历史性背景，通过在城市的发展进程中善于使用这些空间，作为重新审视地域的一个核心，成为构想城市的线索。

2. 道路形态指挥区域

（1）终止视线的尽头

城市的街道形态不仅决定了各个城市的形态，也与城市的性质和特征密不可分。特别是在道路弯曲的移动中可以发现无法直行的理由和意义。日本全国范围的城下町都设计了街道干线的曲柄，由于是钩子形状，因而作为城市防御点，在大部分的城市研究中都发现了该特点。我们思考关于这种空间的现代意义时，不能忽视城市防御功能的空间。这样，再次实现解读现代城市设计的空间意图才具有可能性。

将中世的护城河集落作为基础的寺内町——今井町作为自治体城市，从其防御角度出发，在各个重要场所设置了遮蔽视线的锁形十字路口（图2-25）。这些钩子形十字路口大多规划了集落内的一个入口，进入地区内部时，呈现多功能直线街道构造，明确划分封闭空间和开放空间。地区外周设计的锁形十字路口封闭的街道空间，可作为一个独立空间，在地区内部的直线道路上能清楚地看到居民的活动，衍生出使熟悉的人群安心的街道景观。另一方面，城下町等经常可见的锁形十字路口不仅起到防御时遮挡视线的作用，还通过进入路口的街道错位，使路口相对周围街道的空间更为丰富（图2-26）。这些场所中设置了神社等，也提供了人们停留的场所，路口既能持续使街道预知向城市内部扩散，也能成为路口深处延伸领域的缓冲场所（图2-27）。

图 2-25 今井町寺内町的死角

由于马路的延伸方向相互交错，利用空间的集中地段设置了小神社。成为来神社参拜的人们、站在此处双手合十的人们感受生活的场所，从马路向内侧看的话，无法看到尽头。

图 2-26 法善寺胡同的水挂不动尊前的曲轴

法善寺胡同的水挂不动尊前的曲轴成为终止视线的曲轴。在这里，水挂不动尊这一象征为法善寺胡同整体区域赋予了向心性。

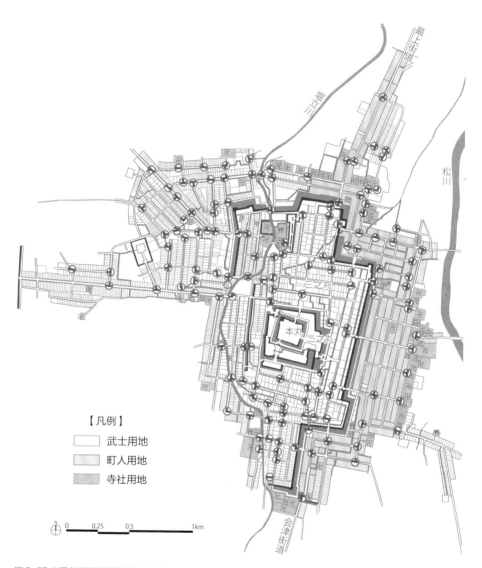

图 2-27 米泽老城区的钩子状交叉口群

以往老城区的城市基础，在现代化进程中功能和意义发生了巨变，可现在依然留下很多痕迹，赋予的新意图被内化。像这样钥匙形的曲轴交叉口群也是此类空间之一。

（2）弯曲道路产生景观片段

描绘平缓的弧形道路像走在街道那样视线连续且不断延伸，给人留下随着步伐前移，周围的景色也在发生变化的印象。这是通过横向并排道路两侧的地块表现片段风景，将区域封闭在移动过程中。

例如，代表湘南海岸的弧形海岸线道路阻挡了海湾地形，形成了能够一览海洋对面建筑的具有视觉冲击力的区域。还有山谷中蛇形道路本来是上野不忍池流淌的蓝染川暗渠化后形成的道路，它们沿水路自然诱发形成的空间。

另外，如松山伊予铁路的废线遗迹和东京新宿有轨电车四季之路的遗迹（图2-28）等，是由市电车线遗迹所演变的街道空间场所，以往的市营电车可通行的曲线在城市中原封不动地传承下来，而在其他的曲线道路中，衍生出非人为设计的片段，这成为诞生新区域的起点。

坡道中具有印象型曲线，而从文京区茗荷谷到小石川庭院下行有名为汤立坂的坡道（图2-29）。其名出自《御府内备考》一书，因在此地供奉茶汤的典故而得名，从近世开始被大众熟知。坡道顺着小石川方向下行，水流从坡道中部右拐下行流淌。坡道沿岸，一侧为二战之前规划的住宅用地，郁树丛生，另一侧则沿着斜面规划了洼町东公园的线性公园。

图2-28 新宿城市电车遗址的四季之路

旧都营电车的遗址四季之路的拐弯处活用为人行道，与周围观乐街的氛围融为一体。

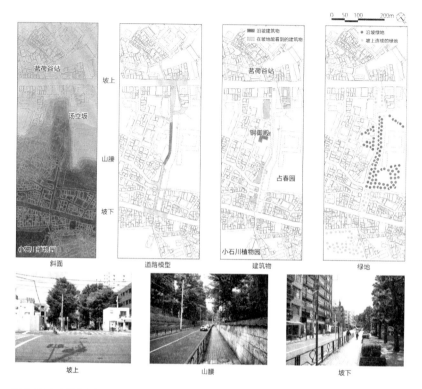

图2-29 文京区汤立坂

在特征化城市中心的住宅用地布局的这条绿色通道，即使进行了战后复兴区域整治也依然保持道路曲线，是让人仍能感受到江户余韵的坡道。

这样一来，道路两侧树木茂密，建筑物景观无法进入视野，形成了一条绿色隧道。同时，街道的线性弯曲无法望到尽头。北侧下行就是小石川植物园，南侧上行是位于御茶水女子大学的大规模绿化用地，顺着蜿蜒的坡道景色尽收眼底，成为动态景观。

（3）成为城市框架的回路

若思考日本城市空间中心性相关问题时，能够想到城郭吧。大部分场合中，城郭是由围成同心圆的要素和面对城下町呈放射状的街道构成。在此，我们想考查近世时期成熟的城下町构成方式——环绕城市中心的街道和沟渠。

　　虽然在佐贺、姬路、米泽、金泽等地经常能看到初始城廓模型的城下町，可城廓（军事、政治中心）和街道（城市繁华地）这两种相对要素中通常在一定程度上具有"紧张关系"，城廓是"不能进入的场所"，城下町是以非公共空间为中心的城市，两者成功地赋予城市"轮廓"和"框架"。

　　金泽这座城市的构造直到现在依然传承（图2-30）。现在，城郭终止了城市中心的作用，街道失去了使大名往返于城市之间的交通功能，这种根据近世理论形成的沟渠和街道组成的城市构造，作为在金泽市内移动的回路，至今仍然被利用在近代城市规划项目中。这种框架作为逐渐失去向心性的框架，连接了承载着繁华城市责任的各个区域，继续保持着城市构造。代表香林坊街道主干线中的多样化区域至今留存，成为保持金泽市汇聚感的原动力。

图2-30 围绕街道的金泽城和北国街道

由于城市在南北方向延伸到河岸阶地的尽头处布局，刚好能在钥匙孔一般的凸起部分的构造中表现出向心性。由从用水路引进的水流入的沟渠，沿等高线呈同心圆状流淌，贯穿城市街道的北国街道和宫腰街道相互对立，虽然能看到从朝老城区的三个方向集中的构造，北国街道和沟渠在半路中平行延伸，成为连接多个区域的街道的一部分。

3. 道路形成的多样化区域

（1）街道公园化

　　街道在城市空间中被赋予场所性，这纯粹是超越通行功能而赋予的城市功能。由于区域赋予街道城市空间的某些功能，激活街道空间，且线性空间并不存在面域，由此向多样化空间发展。

　　根据不同场合，街道阔幅虽然是出于通行目的而设置的线性空间，但也能作为拓展其他功能面的契机。另一方面，街道的场所化并不只是争取保证活动的面积。我们认为很有必要解读这种空间的构想。

　　文京区播磨坂是在战后复兴时期作为环状 3 号线路而实施街道整治的坡道（图 2-31）。之后，环状 3 号线的计划至今也没有实现，只在周遭地区实施了播磨坂区间。因此，并没有制订疏通交通的计划，扩建的街道上以樱花树为主要绿化植被，并作为公园使用。如今，也是屈指可数的市内赏樱胜地，沿道路两侧排列着西餐店等门店，被重新定义为人员聚集的休憩场所。

　　像这样同时具有多种功能的复合型的街道空间中，仅仅这样不会产生区域，街道作为"图"与"地"组成的"图"。

图 2-31 文京区播磨坂

近年来，沿道路设置了露天咖啡厅和餐厅等，绿色通道作为轴线继续成为一体化的城市空间。

作为街道公园化的代表例子还有札幌大通公园和名古屋的久屋大通公园等（图2-32）。两者都具有电视塔这种象征性的建筑物，这一点自不用说，但这里却赋予了人们聚集在此处休憩的意义，在同时以公园为起点的道路公园周围开展商业等各种活动，衍生出多样的繁华地带。

图 2-32 札幌大通公园
城市内规划的大通公园正是
街道公园化的例子。

（2）胡同呼唤区域

再来看看与前文提到的宽阔大道完全不同的狭窄的胡同空间。近年来，向内靠拢的胡同空间，重新被视为人类关系上的亲密空间和魅力空间。以京都木屋町周边的小路和山谷间的胡同空间等为例，作为与道路两侧不同的空间领域，一条胡同与周围道路形成对比，连带着细微的变化，衍生出新区域。

换言之，通过道路和胡同这些不同类型的街道，从马路到胡同的往来过程中衍生出区域的集合。

另外，由于城市内部聚拢的半封闭式生活空间的扩散，也存在使新的区域由内而外打造生动空间的例子。

　　月岛（中央区）位于关东大地震时期填充的岛屿上，这是由于街区整治而形成的町群，这些街区中，形成了多条贯穿长边方向的胡同（图2-33）。这几条胡同都是30 m左右的直线形胡同，并非衍生出地域深奥性的胡同。

　　甚至因为相同规模的胡同有好几条都在同一街区，这些细微表情反而会衍生出一个集中的区域，胡同这种细线型集合通过毛细血管般密集的胡同群而产生出新的区域。

图2-33 东京月岛的胡同网

在近代规划的网格式道路——月岛上，居住用地的胡同扩散开来。这些胡同的直线距离并不远，可这些空间中摆放在外面的植物拉近了与人们的距离，且这些空间连接了每个街区。根据多条胡同而形成一个区域。

（3）参拜道路使区域更加宽阔

　　在日本，对于重要建筑和空间，存在各式各样与人们关系密切的街道。寺庙的参拜道路和茶社的露天场地通过地面的高低差、道路的曲折、效果性的配置布景所产生的片段景观，诱发人们心理上的威严感。

　　此外，在寺庙境内、大学校园、公园、政府等，其中明朗的轴线产生出一点透视的构图，增强了建筑物和空间的象征性和纪念性。其中，在日常具有生活风景的市区中，神社领地和接近神社的境外参拜道路，则位于领域之外，也就是说这是在一般城市街道用地中产生的参拜空间。

　　境外参拜道路，有的是在神社境内缩小的过程中在城市中剩余的部分，有以延伸境内参拜道路的形式在城市中重新扩张的部分，还有通过起点纪念碑的设置来作为既存街道的参拜道路，种类丰富多样。像这样的空间历史，作为境外参拜道路中蕴含的空间文化的丰富性而逐渐显现（图 2–34）。

下谷神社的境外参拜道路

现在下谷神社的境外参拜道路

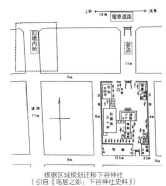

根据区域规划迁移下谷神社
（引自《鸟居之影：下谷神社史料》）

图 2-34 下谷神社：东京境外参拜道（其一）

境外参拜道，被认为是街道作为参拜道以及参拜道作为街道而产生的空间中衍生出的丰富空间的案例。

芝大神宫（港区）中，一层为停车场，上面便是神殿，一直到神社境内地区都呈现出满是商业、办公楼大厦的城市性神社形态，扩散出与江户、明治时期完全不同的风景线。

然而，在铺装、街灯等设计中能发现一定的匠心，街道从神社境内向外延伸，使来往于城市中的人们感受到潜在的区域空间。向着高密度、高层化进阶的城市中，在具有丧失空间存在感倾向的神社境内，境外参拜道路是往昔境内区域的印记，被视为宝贵的城市空间遗产。

在下谷神社（台东区）中，从关东大地震复兴规划整治时期迁移到街区内部的境内区域，到规划了使用朱漆涂染过的牌坊的主干道路（浅草路），神社周围的若干条宽幅道路都被重新铺设。整治规划的城市当中，境外参拜道路的存在不仅代表了区域空间的延伸，还表现出与复兴工作同时达成的区域之间稳固的结合。

全新打造的境外参拜道路，为明确解读建立以神社境内为核心的区域所具有的精神要素提供了线索。

另一方面，在大塚天祖神社（丰岛区），从境内到大塚站前有直线形的境外参拜道路，但由于战后复兴规划整治时期的街区重建，境外的参拜道路曾一度消失。

然而，之后根据当地的商业街将牌坊的形状设计为门形，再次衍生为境外参拜道路的景色。成为使人们在商业街门前也能身心愉悦的空间（图2-35）。

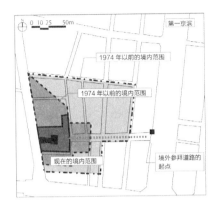

明治时期的芝大神宫（与照片位置相同）

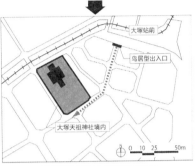

大塚天祖神社的变迁（二战前和战灾复兴后）

现在芝大神宫的境外参拜道路

现在大塚天祖神社的境外参拜道路

图 2-35 芝大神宫和大塚天祖神社：东京境外参拜道（其二）

境外参拜道顺应周边的城市空间形成了多种多样的空间，还衍生了以参拜道为轴线的区域。

即便在明治时期之后，芝大神宫的境内空间被缩小，主干线道路两侧的神社名牌取代了早已消失的牌坊，明示了其领域。大塚天祖神社体现了即使道路形态发生了改变，而境外参拜道却不会改变的特质。

第三章 依存于细节

我们想把"城市建筑"解释为"城市的建筑行动",而并非"在城市做建筑"。在本章中,我们将从这三个角度探讨城市的行动:① 整体在保障细节的同时,细节还使整体(城市)的状态内在化;② 细节不仅仅作为封闭在内的部分,也作为对整体(城市)开放的网格;③ 在细节中存在使整体(城市)个性化的要素。

那么,细节是如何保障整体的呢?城市规划中通常以整体性为目标,但依据整体形式在抽象化之前的各个城市空间,必须由每一个生活群体的切身感受及个人经验来支撑。人们接触的空间规模,也就是说假设建筑物和场所不与人们面对面地对话,那么无论是何种功能性或是多么美丽的城市整体也毫无意义。

细节并非属于封闭体系,而属于开放体系。这指的不仅是建筑,而是意味着在城市中生活的主体以及一切相关事物。城市并非颗粒化的个体集合,而是通过个人之间的关联,衍生具有社会性关系的广场。通过在细节中添加城市的回路,我们能够亲身体验到应该被期待的朝着整体前行的阶梯。

细节赋予城市个性,换句话说就是城市文化。细节在不断继承的传统技术和材料中以明确的形式体现出来。其中每个细节都只不过是细微的要素,可其中却印刻了城市中生活主体的记忆集合、支撑整个城市的自然环境、大地的恩惠等,由此去想象城市的风景、生活以及人们的生活形态。

一、个体包含整体

在禅的世界中，超越了整体与个体这种二分法，有"全即是个，个即是全"的境界。在城市和地域中也能够产生与此相同的境界吧。在作为整体的地域中，个体建筑在分门别类之前，是如何扩展构想力世界的呢？每座单体建筑和庭院形成与街道和城市的形成直接相关，我们将描绘了街道和城市状态的景象定义为"部分孕育整体"的现象，并对此加以考察。

1. 保证整体性的"部分"

初看保证整体性的部分，难以举出身边的通俗事例来诠释的难懂概念的例子，便是日本的传统商家。可以说商家的特征是具有城市性。商家通常与街道及城镇情况相同。

商家通常以相邻的房屋或墙壁相接的形式联排建造，由于房屋相邻，通常能够感受到邻里的状况。另外，特别是在靠近道路一侧的商家，直对着的一端有道路，绝不只是从窗户看到人们穿越道路的情景，还能清晰地从道路两端的对话和走路声等感受和想象人们的状态。在商家深处一侧，即便在中庭对面的边缘，大风也能越过邻家内院吹过地块边界，能从中感受到城镇的气息。感知这种商家林立的城镇，就是所谓的"在家感受城镇"，这指的是以往人们在商家居住和生活，大家一同共享的氛围。

"商家"这个词语是由"町"＋"家"组合而成，可实际上妙不可言。之所以这样说是因为商家的本质是以城镇景象来表述町与家之间存在的关系。商家从江户时代产生，直到现在被延续下来的商家用地，其典型配套根据不同地域存在差别，例如规划与马路相连的主屋（店、长间、客厅），其内部由庭院和隔断这样从公共到私有的空间构成。同时，这些商家栉比鳞次地罗列在道路两侧。每个主屋的房间布局和构思多种多样，庭院和隔断也一样，同时建筑在每一个部分都融入主要意图，是一种自律性的存在。然而，重要的是，商家用地向内部延伸的长度，根据各地区内部规定的地形条件和地块分割而划定，且各地块只存在很小的差异，由于主屋的进深大抵被规定好，庭院的位置也是固定的。

并非将这种空间构成作为地块的单位——"家"，而是作为"町"来看，庭院集合成为超越一个地块而横向连接的空地。此外，开始出现越过地块的连续性，每个庭院在通风及采光或隐私保障等环境方面发挥了作用，即连续的庭院集合成为保障"町"的整体居住环境的装置。换个角度来看，各个庭院之间存在互相保障各自环境的关系，同时都肩负着与每个"町"规模相同的环境职能。可以认为"町"的居住环境的整体性依赖于具有自律性的个体。

近代以来，日本的居住环境是以在独栋房屋中调节内部环境技术的发展和仅依据最低限度的相邻关系法保障下的地块上形成街区为宗旨，其中存在形成或分离整体与部分之间关系的过程。

然而，在川越、高山、京都、金泽这些至今还保持着历史风貌的街区行走，依然能够感受到保持整体性的部分——商家的空间。此外，以循环型社会为目标，以不对抗自然环境为前提，现今巧妙地适应环境的被动调节装置再次受到瞩目，也包括其中的生活方式，从商家能看出某种规范性的倾向。

在川越，自古以来人们就试图在商家配套中融入整体和部分相对立关系的意图，并将这种形式解释为传承街区的规范，地块上布设着满满的店铺，住房南侧打开以及中庭面朝着地块内侧方向，以每隔四间相连的"四间法则"作为明文规定，成为"城乡建设规范"，至今一直在城乡建设工作中应用。从历史街区中解读出保障整体性部分的意图，指引了今后探求城市空间构想力的道路（图3-1）。

图 3-1 从川越的商家群中看到的地块内配置规则

能够清楚看出地块内商家配置规则。川越一号街的设计向导图《街区规范》中规定，"每个地块中建筑物遵循一定的配置模式，保持相互之间的环境。关于屋脊配置的模式，邻里之间相互了解的大致指标很重要""四间规则"。例如，如右图所示，能看到主屋背后的中庭位置大致聚集在相邻地块。

2. 显现世界的个体

（1）实现秩序的庭院

　　无论古今东西，在现代城市当中对大众开放且作为重要开放空间的人性化庭院，是在灾害和战争不断发生的现实世界当中，作为人们为祈愿和平和获取安心感的具体表现而构建的。然而，庭院中重视的是秩序世界的现实化。说起日本庭院，由于在古代和中世的庭院中，只有神佛世界中才存在秩序世界的范例，所以净土庭院、禅之庭院成为庭院的主要形式，在近世以后，受人喜爱的日本三景、富士山等现实中游览胜地的风景画面都被引入庭院中。

　　特别是近世衍生出的池泉洄游式庭院中，庭院本身被分隔成几个区域，每个区域都由名胜古迹景观构成，人们会来回观察游览，能够亲身感受世界之景，即在庭院这种局限的空间中，明确存在某种小宇宙。庭院在城市中至今依然存在的意义是不只作为开放式空间而存在。城市中存在多种秩序并逐层累积，一眼望去虽然没有秩序又看似复杂，并且难以掌握整体，但是在这样的城市当中，庭院提供了可以掌控的世界观和秩序，是使人心神宁静的安宁之地。

例如，由五代将军德川纲吉的下属，被赐予"大老格"身份并出人头地的柳泽吉保建造的位于东京驹人的六义园，在园内各场所配置了和歌中咏唱的八十八景，布局采用环形构成手法。人们进入封闭的庭院空间，却能够体验到平时无法纵览的世界。

只是围绕六义园周围展开的是日常生活秩序，关于其日常生活中的世界与六义园的非日常生活世界的谨慎结合尤为重要。因为从六义园中映入眼帘的高楼大厦和屋顶的招牌背后能够让人注意到的是，庭院是单一的开放式空间而并非空地，在其中一定的规模范围之内凝缩出与日常不同的世界观，原因正是其中存在整体性（图 3-2）。

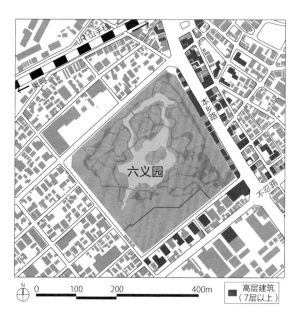

图 3-2 东京六义园及周边市区

六义园西侧的住宅用地在大和时期被开发为大和乡高级住宅用地，区域划分为纯粹的方形街区，与凝聚了具有某种整体性世界观的六义园的空间构成形成对比。这两个完全不同的空间虽采用一面石墙分隔开来，但主要由于沿本乡路两侧的高层建筑物的存在，而破坏了其中的境界感。

（2）显现区域性的建筑物

显现区域性的建筑内部空间也是"个体即整体"的一个典型现象，即人们对在环绕游览区域时产生的印象与站在构成区域的一间房屋前产生的印象会有不同的理解，两者无论怎样都无法分离，是作为一系列的体验之后所感受的现象。

例如，位于新宿区神乐坂的饭馆就具有典型性。神乐坂的饭馆用地选取在具有风土人情的道路中曲折向内延伸的区域。顺着胡同能够走到道路深处的饭馆，饭馆单体的建筑方案设计为能将人们一步步引到走廊深处的构造，即饭馆的楼体也具备与周围环境对应的特征。

将更具体的"松之枝"饭馆（1953年建）的一楼配置图与1952年的神乐坂3丁目区域的地图对比来看（图3-3）。饭馆内部的设计，就宾客到达座位的路径也巧妙地构造出多条动线。

另一方面，在区域水准方面，为了去道路深处的饭馆，宾客们从神乐坂路到本多胡同途径仲路，虽然到达了胡同空间，可接下来到饭馆的路线却有

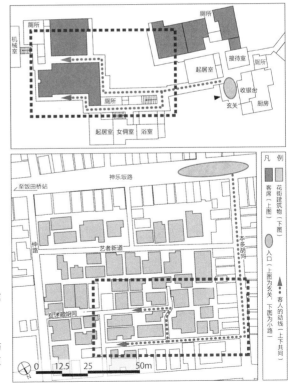

图 3-3 东京神乐坂的饭馆与其区域

饭馆松之枝（1953年建）的一楼配置图（上图）与1952年的神乐坂3丁目区域（下图）。

多种选择。来饭馆的宾客在饭馆内外可以不用打照面，尽情地享受私人时间。就区域占主导还是建筑物占主导的疑问而言，虽应根据不同功能变换应对方法，但在区域的空间构成和建筑物的空间构成中贯穿了同样的原理，强化了彼此之间的印象。

我们来看身边更贴切的例子，看看在东京年轻人中极具人气的下北泽。北泽小田急线的立体复式线工程正在进行，且徘徊在再开发问题当中，随之消失的下北泽站前北口食品市场便是黑市起源的市场区域。北口市场由在同一屋顶之下的多家店铺空间构成。

虽然以往这家商店被认为是按照店名销售一些食材调料，而到了20世纪80年代以后，出现了售卖西服、皮鞋、饰品等的各种商店，由一个个小店铺错杂构成。通道是错开着的，且宽幅窄到不够3人并排通行，但实际上按照平行道路在途中汇合的简单构造来规划，通道的宽度和顶棚的高度让人觉得像迷宫一般，衍生出环游的乐趣。

这种市场特征，稍微扩大规模来看，会发现实际上与北泽的城市魅力有很多相似点（图3-4）。下北泽的区域也是由十字相交的两条铁轨路线所衍生的四个象限组成，虽然只要掌握了这里的街道就绝不会迷路，但这里云集着从饭馆到服装店、杂货店等各种各样的小规模独立店铺，还有车辆无法通

图3-4 东京下北泽前北口食品市场和下北泽街道

出了下北泽车站出现在眼前的就是下北泽站前北口食品市场。市场内的马路也是连接北口与南口的动线。今后，在这片食品市场地块预计要打造站前广场，恐怕要消减只有下北泽才有的区域性。

行的高密度人群道路，成为环游率非常高的区域。

北口市场成为洄游途中值得一看的地方，如果究其原因，恐怕是因为这里凝聚了下北泽区域的魅力吧。城市中部分与整体的关系，不仅是部分的总和产生整体，部分内部同时还映射着整体，而下北泽的北口市场正为我们展示了这一点。

3. 捕获风景的建筑

建筑与风景的关系为建筑通常是感受风景的场所，同时自身也是形成风景的一个要素，这一点极其重要。能够捕获风景的建筑的附加条件是，建筑不能破坏风景，而且不能过于遮挡人们享受观景的视线。为了满足以上条件，例如，有必要将建筑巧妙地融入地形特征。此外，捕获的风景在被多数人共享时，即观景场所没有被私人占有时，便形成构想城市空间的建筑。

广岛县福山市鞆之浦的对潮楼在 1711 年（正德元年）因前来日本的朝鲜信使执行官李邦彦做出"日东第一名胜"的赞辞而闻名天下，这句赞词所表现的具体风景，一旦到了坐席都能当即理解。

在铺着席子的房间东侧有敞开的大窗户。一坐下来，从窗户框中展现的便是风景胜地仙醉岛的美景（图 3-5）。这座岛屿仿佛一幅画被收进窗框。对潮楼也正如其名，原本布置在海际周边比周围环境稍高的悬崖上，通过设置建筑的角度，以借景的形式来捕获自然风景。

另外，当年朝鲜信使正史的住宿场所，只有限定的某些人群才能享受的风景现如今已对大众开放，通过窗户边框而捕捉到的景色也成为鞆之城的一个象征。

还有位于东海岛旧宿场町，以街道保留的解决方式而闻名的三重县关俗地区，本营和副本营、客栈的建筑以传统的姿态排列在宿场町的街道，在这条街道的中间区域，有名为百六里庭的休闲公园，在公园道路的对面，有利用维持街道连续性的传统工艺构思而设计的眺关亭。

图 3-5 鞆之浦对潮楼的眺望景观

这是从江户时代开始就未曾发生改变的景观。现在，鞆之浦的海岸线布设了对潮楼，很多旅店都有能眺望到仙醉岛的大开口客房，可窗户边的海岸线被填充为县道并延长之后，休闲娱乐性质的旅店都被高层酒店取而代之。从这些酒店的客房确实能够眺望到雄阔的大海，可酒店本身也成为从城市向大海方向眺望的障碍，降低了城市整体的风景价值。

　　眺关亭建在二层楼的屋顶上，成为面对大众开放的眺望台。在这里可以俯视关宿宿场町的全貌（图3-6）。

　　这绝不是传统景观，美丽的屋顶景观象征了关宿的地藏院本堂的瓦片，还有包围宿场町的山脉景观，强化了城市至今维持的整体性，还能让人们在视觉上更强烈地感知到宿场町的基本构造。彻底调节周围街道的个体样态，向我们展示出其中存在整体性的可能。

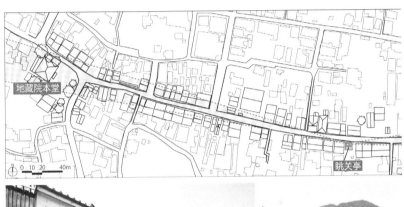

图3-6 关宿的眺关亭及在此处眺望的景观

关宿的街区中出现了越来越多的眺关亭，为了与街区之间相互协调，衍生出新的眺望体验。这些建筑本身也成为街区的一部分。

二、在城市中打开个体

建筑并非隐藏在内部，而在积极构筑与外部有意义的关系时，城市就会丰富起来。当每座具有自律性的建筑与其周围环境和城市开始产生"会话"，就能编织出城市故事。"会话"技巧以视觉意图的授受关系为首，包括汇聚人群的中央区域和向马路内部插入等，虽然展开的方式多种多样，在此节我们想探讨建筑和马路（城镇）的连接方式以及其相互重合的方式。

1. 视线的授受

（1）角落设计

城市中令人印象深刻的是建筑物前的庭院和广场，或是建筑正对面规划的直接映入眼帘的街道等，不单是建筑物本身，还有包括建筑周围环境在内的一体化设计。在直线道路顶端、视线汇聚焦点的场所处建造象征性建筑，这样产生整体对称景观效果的城市构造就是一个典型。

说起东京，像国会议事堂和东京站这些具有纪念意义的建筑，设计时建筑与其前方的通道同时构思。然而，这些大规模的周边改造只允许在某些限定的国家型建筑中实施。而其他一些建筑，确实是通过敏感地反映周边环境状态及人群行动来设计道路。

例如，可以认为拐角处的建筑物是随着在既存的交叉口处自然敞开的广场型空间产生。实施汇聚这种广场空间视线的拐角住宅形式不胜枚举。提起人尽皆知的例子，脑海中会浮现出位于银座中央路与晴海路交口的上方设计钟塔的银座和光（图3-7）。这原本是和光的前身———服部手表店，而打造新店铺时引入了角落钟塔这一概念，从1932年重建而传承至今。

还有同和光这种在重要的交叉口角落，通过建造象征建筑来传承城市和地域的不同印象的例子，每座看似泰然自若的普通建筑，却由于委婉地阻碍了人们的视线，使城镇整体的建筑与城市建立起交流。例如，如第二章提到的新宿区早稻田鹤卷町，虽然饱受自然灾害和战争灾难，并且还是战后复兴

图 3-7 银座和光

银座和光位于银座中央路和晴海路这两条道路幅较宽的道路交叉口处，因此拉出了足够的视野距离。无论在银座还是其他位置，像夹在晴海路中且朝和光方向的圆筒状三爱梦之中心、数寄屋桥交叉口的索尼大厦等，有不少利用拐角位置建造的印象派大厦。

土地规划的整改地区，但去现场，每当路过交叉口时，就能感到与其他城镇不同的包围感和领域感。究其原因其实是在交通安全方面，为确保人们的最终视线、疏散场所和防灾性能，具有倾斜切分街道与街道相交的交叉口角落的"角部分割"形式。在东京战后复兴土地规划整改项目中，"角部分割"比通常的分割形式利用率更高。根据大型的"角部分割"，交叉口"十"字的区域，在"◇"形空间附近形成广场型的隆起空间。这并非偶然的作用，实际上也是当时的技术人员想要创造小广场时的创造力带来的恩赐。另外，四角耸立的建筑物中，与广场的延展相互呼应，在角落切口设置入口，实现了能够打开视线的角落构思（图 3-8），即让建筑的"表情"转向交叉口。

图 3-8 早稻田鹤卷町交叉口的展开图示

包围交叉口的建筑物的墙壁面与街角相配，并配置了边门和窗户，面对交叉口打造出"表情"。早稻田鹤卷町虽然与周边地区相比道路数量较多，可通行车辆却很少，能够步行感受建筑物与交叉口衍生出的广场型氛围。

建筑物中包围的人们的生活景致和繁盛情景与自然汇合的交叉口的连续性，避免了规划整治城镇带来的街道单调性。城市构造的设计以及街道模式的设计诱导出建筑物的形态的事例虽很多，但这是寻求各个具有自律性的建筑与城市交流的正面案例。

（2）看台的思想与展开

建筑谋求与城市之间的交流，最为适合的设施就是剧场和祭祀场所中传统观众席的"看台"。从描绘中世京都年中活动的绘卷中，能看到举行加茂祭祀时，在围棋盘状道路的排水沟和填海地区之间的居住地，有扩展开的临时搭建的看台，之后逐渐被普及，甚至成为马路上栉比鳞次的商家。有些情况，商家显露出看台的本性。

在以城镇为舞台的祭祀仪式至今仍稳定延续下来的城镇中，为了能看到彩车、神轿或街道中举行的游街舞蹈，每家每户通常都采用二层楼的设计手法，或者必要时选用比通常尺寸更大的窗户，这些都是确保看台功能的匠心独运。

例如，在新潟的城镇中，能够发现在某些特定道路的两侧沿用双层的住户及商家（图3-9）。这实际上与新潟的祭祀队列路线相对应。这些商家配备了双层坐席作为观看祭祀的看台。同样地，在茶社街等看到建筑突出边缘，也是为了打开视线的装置。例如，在金泽的东茶社街的商家边缘比普通商家高出二层并延伸出来。这种边缘中"看到"与"被看到"的授受关系，成为茶社街的街道特征（图3-10）。

东京高门寺的阿波舞等与建筑物遥相呼应，是为了战后复兴和社区建设而创立的活动。即偶尔能看到构成这种商业街的二层饮食店等设置在看台上，或者设在凸起边缘区域灵活的设计。另外，从建筑物一侧满足"想看到"的这种求知欲而设计的装置，不仅在祭祀活动时，在日常生活中也提供了赋予街道特征的设计，转换为建筑物本身也能"被看到"的要素。在这里，通过视线授受关系而衍生出的建筑与城市之间稳固的双向结合。

图 3-9 新潟突出来的商家

突出来的二层在祭祀时节作
为看台。位于下方的空间也
有与栈桥一样的功能。现在,
也有侧面突出的形式,如覆
盖在狭窄的马路一般。

图 3-10 滋贺县日野的看
台窗

这是让人看到独特"表情"
的传统看台窗。在近年来新
建的民居中,这种传统手法
也延续使用,孕育出内与外
的视线交汇文化。

运用看台的特殊例子，还有以往近江日野市的商人作为买卖据点而兴建的日野"看台窗"（图3-11）。赋予日野街道特征的"看台窗"是商家板墙上四角通透的窗户。"看台窗"原本是为了能从坐席中欣赏到巡游在马路上的彩车而设计，是使在马路和庭院、宅邸之间的视线在规定的时间和空间中达到通透的观赏设施。透过窗户的视线，能看到的是"从内向外"开展祭祀，可近年来，在看台窗内侧设计了展示空间，还开发了使人在行走时感受愉悦的"看台窗艺术"和"日野女儿节游记"等活动。节日时特别的"窗户"能够将内部展示于外部，具有使街道富有活力的展柜作用。

图3-11 金泽东茶屋街商家凸出的边缘

京都鸭川沿岸的纳凉台也可以说是与此相同的看台设施（图3-12）。从二条到五条，一到夏天鸭川沿岸的店铺就在河川旁边延伸设置高地板式坐席。在鸭川的河原町，这种川边地板因举行杂耍和商业而繁荣起来，为应对广场化进程而开展设计，到了近世时代，在浅濑和砂洲都放置了马扎，形成与现代风格不尽相同的景观。之后，又历经了开辟鸭川运河工作等，大正时期因治水工作开拓出与鸭川平行的襖川，在襖川上衍生出高台式河床。在微风拨动的河畔边，为人们在夏日中享受清凉而设计了纳凉平台，现如今河畔边平台联排的鸭川风景作为夏日京都的风景成为全新的景观。

图 3-12 京都鸭川沿岸的纳凉台

2. 城市的插入

（1）土间的城市性

　　商家与城市之间相连的结点就是土间。在日本的城市当中，包括家务在内的大部分劳作中，为了保持与农家同样的不脱鞋的习惯还有与水关系密切，出于功能的考虑在各个住户中设计了土间。这不仅是工作场所，也具有连接外部与内部庭院或脱离出来的房厅功能。这种土间成为每家每户开放的一体化空间，不仅是家人，还邀请各类人群，能够让更多的人驻足。土间是既不属于内部也不属于外部的中间领域。

　　近年来，为了保护重点历史文化街区，激发地域活力，将历史街区作为旅游资源开发，这些项目在各地实施后影响了整个街道。在街道上，艺术家们挨家挨户制作现代艺术品作为装饰，还尝试在长长的仓库道用女儿节人偶等珍贵的物品像"出库"那样展示和装饰（图 3-13）。由于人们前来观赏艺术品和珍贵物品的同时会环顾各个商家，借此吸引人们的来往，可这样的活动在其他街道却不可行。其中存在的各种各样的可行性条件是各个建筑中必须具有土间那样的中间领域。城市中每家每户一边要保持本地的生活方式，一边为了能够迎接外地游客，原本既不是内部也不是外部的土间便灵活用作

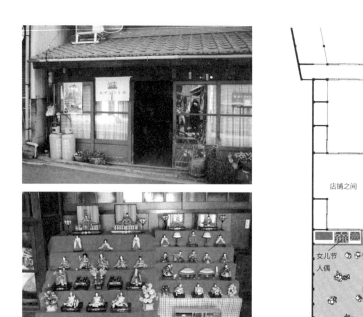

图3-13 作为交流空间的土间的使用形式（鞆之浦街区女儿节时的上杉家住宅）

艺术品或女儿节人偶等的展示场所。土间成为城市生活展开的先决条件，具有温和的包容力。

（2）屋檐下方的共有区域

不仅在建筑物内部，还有超出通道一侧而衍生出中间领域的例子。在商业街不难看到商家为遮挡阳光而支出来的大的房檐或遮棚下摆放着商品的情景。它们排列在街道上，成为城市化装置。特别是暴雪地域，例如越后地区的雁木、津轻地区的小见世等，为了确保冬季步行者的步行空间，每家每户都提供了房檐头，创建出拱廊状的道路。还有在青森县黑石的中町小见世路等，现如今依然完好的幅度窄小约2m的房檐顶连续排列，不仅在冬季、夏季也能发挥遮阳的作用，同时还肩负着维持街道统一性的职责（图3-14）。这与一体化、统一建造的一般商业街的圆拱不同，各个商家的房檐头处设置的遮蔽屋顶相接，各个遮蔽屋顶与各商家一样使用木制建造，各个商家为与屋面颜色相配都下了不少功夫，使得两者别具匠心，遥相呼应。

这里保持了个体的自律性，衍生了整体构造，其结果恰可起到调和街道的作用，这点尤为重要。

此外，即便没有这种连续性，也能经常看到各家房檐下的公共区域，布置了路人都能使用的长凳。这种长凳与建筑一体化的装置，还有在爱媛县内子町商家等常见的马扎（图3-15）。也称为折凳或凳子的可折叠长凳成为展示商品的陈列台。持续在房檐下发挥着通道的功能，应对人们的需求活用为店铺空间和休息场所。这种形式虽然毫不起眼，但却能应对城市中各种活动且能诱导出新的人类活动。

图 3-14 黑石小见世

只有雪国才有的檐下中间领域。黑石的小见世路地区在2005年被选定为重要的传统型建筑群保护区，并开展保护及复原街区活动。现在在新规划的广场中，对应既存的街区规划出新的小见世空间。

图 3-15 内子町的长凳

在内子町，具有汇聚功能的长凳与建筑物相通，并与城市街道相连。

（3）通行建筑

直通内院的土间称为通行土间、通行庭院，从公路到私人内院，发挥着从分开到汇合转变的作用。为了尊重从这种公共区域到私人区域的迁移以及建筑物从住宅到商业用途的转换，这种通行土间融入城市的洄游路线中，赋予了城市再生的新希望。例如，在旧中马街道与足助川平行的足助，中马街道和足助川沿岸的两边都设置了出口，随处可见利用动线划分建筑内部的商店（图3-16）。

图 3-16 爱知县的足助的通行建筑

这是足助市中能够通行的商店。足助的主要轴线与中马街道和足助川沿岸的步行街相接。现在，在商店北侧的桥旁行走，无法从川沿岸的步行街穿过。在足助，还有将作为银行使用的民宅转用为展厅的足助中马馆，其中将这片区域通行庭院活用为城市环游路，穿过通行庭院直达足助川，然后穿过步行专用桥直达对岸。

图 3-16 爱知县的足助的通行建筑

不是说这种通行建筑只能是本来可以通过任意区域的土间式传统商店。在城市中，存在许多通行建筑。在大部分人的使用经验中，还包括新宿路对面的纪伊国屋书店，以及位于 JR 有乐町站到银座方向主要动线上的银座马里奥等。虽然与中野站北口的连拱廊街、中野三路商业街的连接导致人们有时候会意识不到，但在道路尽头的复合商业设施中野百老汇也是以通道为模式的通行建筑。

吉祥寺的城镇框架中也有通行建筑。按照将比周边还要细致的街区融入发展街区的再开发项目，在建筑内部设置通行街道（图 3–17）。由于吉祥寺的城镇具有洄游性而人气颇高，这正是因为其中一端有通行街道的支撑。

图 3-17 吉祥寺的通行构造

此区域原本是以大学遗址为中心的大街区，因区域规划整治活动而被划分为多个街区。然而，由于与周边街区相比规模稍大，在建筑内设计了通路，与周边街区的规模相协调。吉祥寺的洄游性中，具有以通行建筑引出区域划分的层面。

这样的通行街道中，从建筑一侧来看，最好直接将城市性融入建筑内。将动线嵌入建筑内部的手法能够成为重建既有城市的契机。

3. 未完成的建筑

（1）向城市渗出

通常情况下，若无法实现在建筑内部或用地内部试图具备的功能，就会向城市渗出，显现出丰富的城市性。

小巷中狭窄的地段和放置盆栽的景象，以及在商业街从商铺里琳琅满目的商品所呈现出来的繁华景象，还有街道作为城市庭院等，共同描绘出一幅亲切的场景。另外，像在街道和广场上营业的咖啡馆那样，创建具有积极性的繁华公共空间在近年来也越来越普遍。而将建筑和街道以内部和外部的观念划分，在尽量切断相互关系的基础之上，提高建筑的功能性，对于街道重点在实现通行功能性的近代化空间操作等，这成为与之相对的反命题。而从建筑一方来看，暗示了如何保证完整性的新命题。

在浅草寺门前浅草公园横向主路上，在不足 100 m 的道路两侧的街道外排列了许多露天居酒屋的桌子。居酒屋门前的延伸部分完全实现了与街道的空间一体化，桌子能够轻易超越建筑和街道的界限（图 3-18）。桌子前方的围栏很低，成为街道及城市一部分，坐在这里喝酒的人们经常能与陌生人交谈。在营业时段误入此区域的汽车不会加速，而是缓慢通行。

在神田神保町的二手书店街行走时，也能看到同样的延伸形式。然而，在神保町并非是商品从商业街延伸出来，也不是像露天咖啡厅一样活用公共空间的例子。在神保町是书店面向街道延伸出的书店。

归根结底，书店属于用地内侧。然而，站着看书的顾客都站在公共的通行道路上。二手书店建筑主立面的书架悄无声息地利用着城市空间（图 3-19）。在不阻碍通行的前提下，周围的城市空间允许站着阅读这种行为，这无论对于行人还是书店都是良好的城市景象。这种光景并不是通过大规模系统产生，

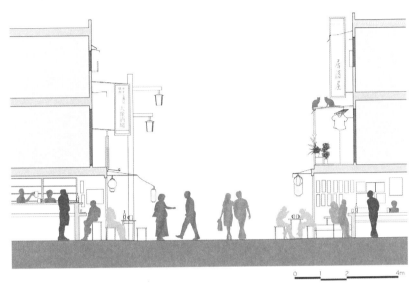

图 3-18 浅草公园本通路

繁华的浅草虽然是多条马路、商业街的集合，而公园本路却在其中大放异彩。存在具有各个商铺的领域，却衍生出以整体为市场的风景。

图 3-19 神保町古书街书架打造的街区

这是以城市空间存在为前提的建筑。在书店街站着看书的行为衍生出滞留较长时间的现象，所以与普通的商业街不同。

而是通过每个建筑悄无声息的延伸而产生。

（2）作为走廊的街道

将城市街道的名称改为建筑走廊，这也是产生未完成建筑的一个手法。在火车的换乘站、车站的建筑物内部，总会经历不知不觉就走了出来，一会儿又绕进车站的经验。

例如，东京世田谷区的小田急线豪德寺站和东急线山下站，虽然名字不同但两站之间却能相互换乘。实际上，这是通过车站中间的小型商业街而形成换乘结构。人们在日常换乘的行动途中，可以在微小移动的瞬间体验街道的乐趣。天空放晴时，这里成为与城市的具体连接点，丰富了人们的移动过程，使街道充实、繁荣（图3-20）。

这种关系扩大了街道整体，还使街道繁荣发展。典型例子有，以骏河台为中心的神田大学城。多数大学和预科学校中，以"0号馆"命名的校区分散在这里。另外，城市街道作为连接各校区的走廊，为年轻学生们提供随性且充满生气的风景。

再者，神田不仅有大学城，还设置了公共会议室或以器械为核心的设施，促进了近郊中小型大厦中空置房间的利用。这是每座建筑物的再生均借助城市这一走廊而产生的构想。

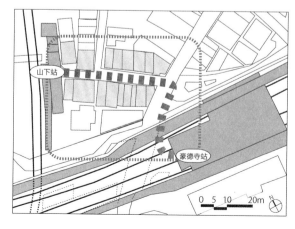

图3-20 小田急线豪德寺站和东急线山下站之间的小商业街

只是匆忙经过的地方有很多，这里却成为与城市的连接点。

作为走廊的城市所酝酿的美感还有歌舞町街。歌舞町街从拂晓开始，酒店灯火通明，艺妓来回通过街道中心的艺妓馆，各自前往指定的店里。艺妓馆到店的通道成为艺妓们通往工作场所的走廊，并成为城市中的一道风景线。城市中分散的设施实际上是由以艺妓馆为中心而相互连接的传统型分工系统相连。艺妓使这种结合形式更为凸显，衍生出别样的美丽风景。

例如，浅草的观音里的布局是以艺妓馆为中心，周围分布着酒店。由于这是在东京复兴规划管理下规划的棋盘状城镇，一眼看去似乎并无特征，而到了夜晚，店铺前的展板灯火通明，城市风景画风逆转。艺妓们也在这样的城市风景中穿行（图3-21）。

图 3-21 浅草的观音里歌舞町街的构成

如果不完成一块地或一座建筑的话，那么在这块地或这座建筑的范围内观察的话总觉得缺点儿什么。另一方面，还会发现极其重要的城市与地区之间的关联。有意图的未完成部分就转化为城市空间的构想力。

三、在细节中编织城市

决定我们形态的是微小的遗传因子。遗传因子收藏在一个个的细胞核中。城市和城镇也一样。城市的细胞归根结底是由比一座座建筑物还要微小的建筑材料等元素构成的。这种元素中也确实收集了城市的遗传因子。虽然应该避免"看到树木就看不到森林"的情况，可是只去观察森林就无法弄明白其中的情况。甚至可以说，为了了解树木，有时需要从枝叶和纹理来观察。

1. 意匠中的城市

建筑单体的细节还是掌握城市形象的钥匙。例如，在茶社中的视线手法，也就是从外部不能窥视到建筑物内部，而为了从内部能掌握外部的情形，产生了使金泽茶社街形象深化的细微红壳格子。在京都住户中见到的不同商业具有不同意匠的红壳格子，还有进行细节多样化并赋予竹原街道特征的竹原格子等，成为各地街道的代名词。

此外，尝试将这种格子相互重叠，通过代替建筑材料成为区分建筑物内外的门帘，使城市街道特点统一化的冈山县胜山和香川县的直岛町等，都是细节决定城市街道形象的例子（图3-22）。

刚开始行走时，会被一两片门帘的独特感吸引，但随着数量的增加，会使人感到这是商家自发的、作为城镇整体去配合街道统一性的形式。

在胜山，原本是草木染纺织店门帘，后来是自家酿造售酒的商店的具有原始风情门帘，触动了周围环境，作为城市整体而存在，并向周围扩散。然而，重要的是这一片片门帘的质感，这种质感支撑了城市传统与城市本身的契合。这种门帘决定了城市街道的印象。

　　添加建筑材料或门帘，实施建筑物细节的装饰和意匠也决定了城市街道的印象。美浓的街道中，引人注目的是建筑物顶部的短柱（图 3-23），添加选用了飞驒古川出桁造的民居的房檐表面腕木的装饰腕肘木"云"等，虽然只是建筑物中的一部分材料，但是却体现了房主的眼光和学识、本地工匠们的技术，共同打造出为城市穿上带有地域风格服饰一般的美景。

　　这并非针对全都由传统型房屋构成的街道，统一商业街的广告牌设计也具有相同意义。

图 3-22 直岛的布帘

虽然在每条街道都能看到店面的布帘相连的风景，但这提高了直岛城市的艺术美感，这一点尤为重要。

图 3-23 美浓的卯达

在美浓，不仅兽头瓦上雕刻了家徽，而且从此处依次展开的破风瓦和悬鱼的工艺也各不相同。

2. 精练城市的素材

说起比建筑材料和装饰更为细腻的细节，那就是材料。我们能够从材料本身发现城市。

使山形县金山町街道印象化的有来自当地的杉树和冲绳特有的珊瑚围栏等，这些构成城市周围森林和海景等自然景观的本地素材，形成了街道景观。

此外，盛产陶器的濑户市，其窑垣也被精练为城市空间的一种素材（图3-24）。

濑户的中心街区之外，沿着汇聚窑垣地区的山峰处，有一条名为"窑垣小径"的小道。在这里，能够看到处处存在刻有纹理的挡土墙和基石台。仔细一看，这些素材是在这周围的窑户中使用的工具，然后将其以横竖摆放的形式堆积，形成独特的纹理。人们并没有将日积月累发生了霉变的残次品丢弃，而是作为建筑材料使用，成为让人回忆起城市活力的象征。另外，还形成了仅在本地特有的景观。

图 3-24 濑户市的"窑垣小径"

这是濑户独有的景观。这里使用的建材体现出濑户本地的街道文化。

第四章 统一整体

城市是创造出来的。城市绝非自然产生，多多少少是按照人们的某些意图而形成的。

关于城市形成中蕴含的意义，探索的步骤有以下两个方向：第一，根据政府提出的理念描绘出明确的城市景观空间的"大事件"；第二，通过汇聚人们的生活、地域社会所产生的意义而发生的"小事件"。

人们通过在城市中聚集生活而共享城市的丰富性，为实现安定和谐的城市生活，产生了各项规章秩序。乍一看是由于在微观意义上自由形成城市，实际上却是由大规模的社会理念等超越个人的"宏观意义"而引导产生出各项规章秩序。

城市在不断变化。若关注按照人们意图不断改造的城市，那么城市轴线的视点非常重要。为了在不断发生改变的城市空间中找回安定感，就要在至今为止的秩序（即在一种"意图"）上叠加新的"意图"。

不同的"意图"时而互补，时而互相干涉。若在执政者的规划意图之上承载小"意图"的话，大"意图"就能被切分为多个小"意图"。还有很多小"意图"相互结合而成的"意图"（线），共同交织出新意图。

在本章中，对于统一城市中所蕴含的全部"意思"（意图的集合体）的网格，我们认为与其用鸟瞰的视点，不如试着进一步以潜航的视点挖掘和探索新的构想城市空间的启示。

一、在城市中归置大事件

在城市空间这座舞台上汇聚了诸多的"演员"，"演员"之间相互尊重各自具有的特点以及和谐地展开丰富的活动，使城市活动秩序化的"大事件"尤为重要。在广大的城市地域中描绘大事件并非易事，但试着去俯视城市，"以面分割空间"（分割）"以线连接空间"（连接）"以点限制空间"（布局）等，就能够发现很多衍生秩序的空间手法。城市"演员"在理解大事件的同时，通过看透分割方式、连接方式、限制方式中隐藏的"意图"，逐渐叠加个体生活中的丰富性与深度。

1. 从分隔和分节中衍生的秩序

（1）空间的二分法

空间秩序化的手法中，最简单的就是分割空间。

例如，通过自然界的山川河流将城市分隔为左右两岸的相对位置，以朱雀大路为中心的行政区被划分为左京和右京的平安京。这些例子都是通过规划"街道"将领域一分为二。或者利用城墙和护城河圈出归自己管理的内部领域和与自己管辖无关的外部领域（图 4-1）。

特别的是，以称念寺为中心发展的寺内町橿原今井和平野氏七名家创建的平野乡等"环河集落"中，为获得防御特性和据点，利用"环城河"来分割城市内外，领域化内部空间形成独立的自治空间，这样的社区方式即便是到了今天，也依然会被传承下来（图 4-2）。

关于这种城市空间领域化中所使用的界限，我们能够发现日本城市中的领域相比中世纪时期西欧城市那样用坚固的墙壁来区分，更多的是使用具有柔软特质的形式来区分。

例如通过地形中平缓连接的大坝及堤坝、枝叶重叠中能看到内部的篱笆，达到可视范围的防御用环城河或水渠区分等，融合自然要素而衍生出柔和的"一边分离一边交融"的区域（图 4-3）。

图 4-1 分割城市空间的界限（平安京寺内町的出岛）

为了分割城市空间使其秩序化，使用了自然地形和河川（水）或水路和道路等形式。此外，通过这些形式，衍生出分割"内侧"和"外侧"的系统。

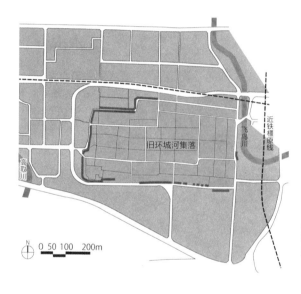

图 4-2 橿原今井町的环城河集落

在以一向宗为中心的今井乡的寺内町，为了防御外敌侵入、保护地区自治，形成了环城河或土墙包围城市周围的环城河集落，之后发展为自治城市。

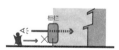 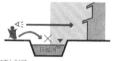 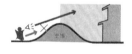

栅栏

使用植物枝叶、细小的物体，继续使空气和视线平缓相连，遮挡了侵入者的视线。

环城河

保证了视线和空气、生态系统和景观，通过保持与水的距离而防止入侵。

土堆

一定程度上控制视线，平缓相连。利用地形防御入侵。

图 4-3 日本城市空间中平缓的分界线

日本城市空间中，与其说用坚固的墙壁来完全分割内外空间，倒不如说是以柔和的界限平缓地分割空间。不仅有室内的隔断（隔扇、拉门）、格子窗，地块内也利用环城河、土堆、围墙等平缓分割空间。

幕府末期，在向开放港口方向急速开展城市建设的横滨，由于重视对外贸易而必须进行管制。于是，采用河流和水渠分隔内外空间（关内和关外），新城市空间也与长崎市出岛相同，在区域的内部进行分隔。当初，内外区域由吉田桥等几座桥连接，关内一侧被称作"关内"。

另一方面，即便是内部（关内），以码头轴线为界，北侧是日本人居住地，南侧则作为外国人居住地，以这样的形式分为两部分，之后，又叠加上一层分隔空间的"界限"。

因火灾造成养猪场消失，港崎游郭以此为契机，在各个居住地中，将市区街道分离规划一条道幅宽阔的防火街道（宽度36 m）来整顿日本大道。另外，还借助外国匠人的技术，使完全够人们步行通过的人行道与树木组合，这种日本近代街道超越了仅作为防火道路的功能，规划出象之鼻（码头）和彼我公园（现横滨公园）相互连接的横滨市基础轴线，还使沿道路两侧形成城市市民中心（图4-4）。

此外，现在不仅有利用夹在树之间的两条人行横道空间的露天咖啡厅，还在此空间举办了"步行者的天堂"等活动，为了区分区域而衍生的道路在连接不同区域方面也发挥着重要作用（请参照第五章）。

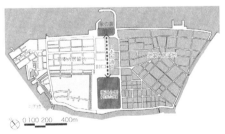

图4-4 分割连接横滨·关内地区的日本大道

在幕府末期与关港同时产生的横滨街区（关内），以"猪圈大火"为契机，由英国工程师R·H·布朗通设计规划了日本大道，这是作为分割日本人居留地和外国人居留地的防火区而规划配置的近代街道。这条街道连接了横滨的贸易起点"象之鼻"和日本人、外国人相互交流的彼我公园（现横滨公园）。

（2）分割多个面

正如"町分割"一词的字面意思一样，分割空间这一行为是执政者通过整治宽阔的城市空间实现统筹及管理，或者是为了制定规范基本空间的手法之一。

在城市规划以南北大路（条）和东西大路（坊）的棋盘点状的形式分割、根据条坊制以藤原京和平城京为首的日本中世和日本近世的各城市城下町、北海道的开拓城市、山脚下的斜面城市函馆市、上记平安京的棋盘点中重合的京都校区，还有新沿路型住宅用地幕张湾城等，日本城市在用新型开发方式的时期中，大多使用网格状（grid）分割平面的手法。

网格的大小成为城镇的构成单位，京都平安京是约为 40 丈（约 120 m）的正方形，江户市街道的京间约 60 间（约 108 m），还有札幌开拓网格的60 间（约 108 m），在大阪（船场）是 40 间（约 72 m）等，这些都是以网格为城镇单位的例子。

另一方面，宿场町、门前町或商业用地都同样在地块中划分区域，在此开展了以街道为轴线划分成两个长条形空间的手法。

使用这种分割手法，赋予城市空间功能性和社会阶层性。在日本的城下町，也被称作"城下町三点组合"，以都市空间和城郭为中心，分割为武士用地、商业用地、神社用地三种形式，使各个不同空间具有了不同的用途，以城下町为基础的城市中，按照这种"三分割"为基础轴线的形式进行重新剖析的话，就能更容易地掌握空间。

即便是江户东京的土地利用形式，放眼望去，这种形态看起来虽然像是随机积累重叠产生的花斑图案，但与地形和地势、城郭之间的关系以及与周边环境的关系相互交织而被巧妙分割，像是将几块"布"用"缀布拼图法"一般拼接起来，在各自的地块利用形式中，进行布局。

此外，根据这种分割方式，秩序的表现方式也不尽相同。例如，用能够将地块分割为同等大小的"等分型"来表示，若改变规模和形状来分割，还能够表现出"阶级性"。

以别子铜山为基础，新居滨成为住友财阀的企业城下町，以多种多样的产业网格为基础开展城市布局，其中，在位于选砂场内侧的山坡上建造的员工宿舍街（星越山田社宅）中，利用坡地高度直接表示出公司内部等级，在同等大小的网格中，以自上而下的顺序分布了对应阶层的独栋、两间联排和四间联排住宅（图4-5）。

图4-5 新居滨市住友山田住宅

住友企业就职的职员宿舍，是在山脚下平原位置规划的住宅用地，根据标高阶级各不相同，按照干部住宅、二轩长屋、四轩长屋的顺序构成。

（3）主干分支

在蚂蚁巢穴中，展现了地面中具有功能性的居住空间构造，其中，为了达到集中和分散，构造了与作为功率型结构的"干"与"支"相对的等级制度。所谓的"树干系统"，在自然界和生态学世界中，也就是说在存在时间系列发展过程的领域中，存在自然分割法。

在道路尽头衍生的城市空间中，也能发现分支的分割系统。这里所谓的"分割"，与其说是"分离"倒不如说是"分裂"。在《若隐若现的城市》一书中，曾介绍"sa"这一日语假名表示如坡道（saka）、境界（sakai）、岔路（saro）等这样的领域以及区域分割的词汇，这种分支本身衍生出日本独特且平滑的分割手法，若俯视整个分支的话，我们还能够发现如树枝状的形成规则。

例如新宿区榎地区（早稻田南町·喜久井町等的）街道构造，从主干道路

（主路）到支路（岔路）延伸开来，像一串葡萄一样在岔路上悬挂着一个区域的同时，通过与主干相连而具有重要的公共性，每个区域各自独立（图4-6）。

另外，如前文所述，涩谷的城市构造是通过水流产生的汇聚点（即岔路）的连续而逐渐分支，可以发现其中隐藏着自然水源产生的"树干构造"。

20世纪80年代后期，在东急线和PARCO（西武）的涩谷站的城市规划中，以这种汇聚点为节点配备商业设施，在自然资源划分的"界限"中通过新城市地标与活力的累积，"人流"代替水资源流淌在城市当中，同时存在因一侧无法通行而促使人流"洄游"的意图（SHIBUYA109、东急bunkamura、东急hands、PARCO等）。

图4-6 新宿的榎地区的城市构造图

虽然幅员并不宽阔，从地域中主干道路向各地区方向展开枝干道路。

2. 在城市中建立核心

（1）规定轴线的直线

"轴线"（Axis）的含义是连接两个端点形成秩序，或是使端点具有地标权威性，而有时轴线本身作为主干路也很重要。例如，在城下町的山形盆地，朝着官厅（现文祥馆）的轴线自身作为近代的城市市民中心，在新市街道中心区域的发展时期发挥了象征性作用。另外，有时即便是长野善光寺那样的宗教城市（门前町），到达寺院的参拜道路也会成为城市的基础轴线。

或者这条轴线与"方向或方位"结合，能够衍生出城市空间的秩序。在20世纪90年代的幕张湾城新住宅用地规划中，随着城市逐渐发展成熟，虽然难以发现其中的意图，但也规划了以眺望富士山为基础的轴线（富士见路）（图4-7）。

这种轴线也隐藏在城市街道中。江户城下町（银座、丸之内、京桥、日本桥附近）的棋盘点状街区中，乍一看，虽然朝向乱七八糟，但都是朝着中

图 4-7 幕张湾的城市构造

根据巴塞罗那是133 m（将400 m分割），利用约100 m的网格为标准的城市分割手法的幕张湾新市区，是以能看到富士山基础轴线为标准填充设计的。

心地区江户城、关东周边的秀峰（富士山和筑波山）和近处的山丘（神田山、汤岛台、字丸山等）而使轴线（靠城、靠山）密集交错，以多种形式形成叠加。

（2）拉出二重轴线

城市基础轴线也随着时间的流逝而转变。近代开拓型城市札幌市，以幕府末期开凿的大友环城河为基础，大致在南北方向流淌的创成川作为殖民时期开垦的初步轴线，以此轴线及与其垂直交汇的街道为基础，形成60间左右规模的网格状棋盘城市。

另一方面，将机关办公街道和商业街分开的线状大通公园，是当初为了防止火灾时火势蔓延而规划的空地，由于利用率极低最终沦为积雪清理场和垃圾场。明治末期根据长冈安平规划的"大通逍遥地"整治规划开展大通公园改造，二战后还利用了部分空间作为红薯田地。后来，于1950年重新进行公园整治，并于1980年作为城市公园开放，之后此东西向轴线与创成川垂直相交，将视线延伸至大仓山日本台方向，成为札幌市休闲和商业的重要基础轴线。

另一方面，直到近年，作为原本轴线的创成川沿岸从城市中心被剔除出来。2011年，由于重新以创成川为轴线的沿河岸两侧开展了公园整治项目（创成川公园），札幌市街道产生了垂直交汇的两条休憩用轴线（图4-8）。

此外，随着时代变迁，原本并列的基础轴线也有重合的情况。宇都宫市区街道地区作为日本中世以来以二荒山神社为核心的城市而孕育出来，近代时规划了以城市秩序为核心的新城郭。再者，由于引出了神社与城郭相结合的南北街道，产生出连接中世和近代的一条核心轴线。后来，在此设计了县政府宿舍作为近代城市秩序核心，与之并列形成观望县政府的南北景观轴线，且在二战后复兴土地规划整治而被强化的新城市轴线的南侧规划了市政府，由此连接了近代和现代的核心空间，即并列的"中世—近代"轴线与"近代—现代"轴线的联合提高了城市的中心性（图4-9）。

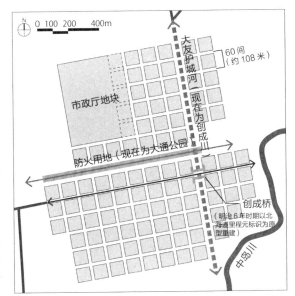

图 4-8 札幌开发市区的城市构造

以大友河为基础的创成川为南北轴线而开拓的网格（60间）构成，与此垂直相交的位置规划了作为防火区域的大通公园。据说，从公园能看到远处大仓山跳跃台的人。近年来，沿干涸的创成川重新规划，打造了新的生活轴线。

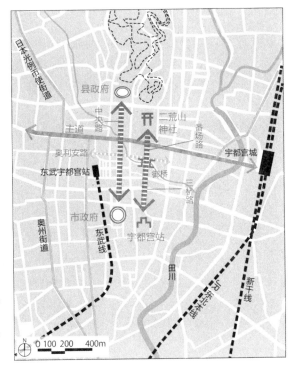

图 4-9 与宇都宫市区平行的轴线

时代不同的两条轴线形成了城市的多层性。

（3）在核心处"粘贴"城市

像在垂直的线上粘贴结晶一样，日本的城市是贴近道路，通过道路产生秩序。

从某个场所朝向另一个场所的道路，自然被称作街道，特别是到了江户时代，以原本的地形等为基础而自然形成的道路作为街道网络被再次整治。另外，由于实行参勤轮换制，为了满足各诸侯的频繁活动，在街道规划了宿驿（宿场町）。在宿场町，配合大名队列徒步的移动速度，间距基本均等，各个宿驿虽然各具特点，但从宏观的视点来看，它们都是通过街道系统连接，在街道内集落构造相同。例如，旧中山道的木曾 11 宿，虽然有了微小的改变，但也还是表现出建筑形式和城市系统的相似性和连续性。

一方面，这条街道的连续性并非绵延和渐进的持续，而是时不时地显示出转折点和连接点。同时，连接转折点的缝隙中，有时会使城市之间相互"切磋琢磨"。从日本桥到东海道的第一个宿场町——品川宿驿，至今为止南北方向还保持着 1 千米多的商业街。在设立之初，品川宿由夹在中间的目黑川分割为北品川宿和南品川宿。当初，虽然南品川宿已经达到繁华巅峰，但北品川以北地区增设了具有娱乐设施的步行新宿驿，南北两侧形成可相互抗衡的规模，同时还增强了北侧为休闲胜地、南侧为近郊乡下的特点。作为分节点或连接点的连接目黑川与此处的品川桥，成为城市竞争和共同创造的起点。

另外，街道中不仅有物质，社会文化也在不断改变。来看看飞騨高山的城市街道和周边集落的关系，意义极其深刻。高山虽然作为飞騨地区的流通地成为繁荣的商业型城下町（之后的天领），可在城市形成的金森氏时代，却规划了以高山为中心的街道（五街道）。飞騨地区的各个集落虽然沿着这条街道以葡萄串一般的形态而存在，但这些集落的特点根据街道沿边的位置，形成彼此不同的文化特征。

例如，位于连接了高山中心部和白川乡的白川街道两侧的荘川町一色总则集落，以前，这里有被称作"荘川式佛手形"的歇山顶特征的民宅，可随着养蚕工作的开展，民宅的上半部分被"白川行佛手形"构造取代。此外，随着构造（柱子）的活用，开始向受到高山中心地区影响的商业型民宅样式发展，城市形式受到不同时代的街边文化影响，一边完成了变化及融合，一边相互重合交织，超越了地域理论，我们能够发现从街道衍生出的新文化间的联系。

（4）蜿蜒曲折的线条连接着城市

在日本的城市空间中，并非只有在垂直延伸的视野尽头设计地标建筑，同时也有具有对称性的街道轴线作为城市中心的形式。日本的神社及寺庙中，从入口处无法直接看到本堂或本殿，需要顺着多条曲折的参拜道路前行而演绎出参拜空间。在日光、金刀比罗宫等参拜道路中，巧妙地利用这些蜿蜒曲折的道路，从入口一直到达本堂位置，恰到好处地演绎出相互连接的空间形式。

还有，城下町中的主要街道也存在具有防御性的曲折道路。冈崎城下町的街道甚至被人们称作"二十七弯"，在这里蜿蜒曲折的道路重叠交错。在现代城市空间中，这些弯曲的街道虽然埋在其他街道中而难以被发现，但近年来，通过在以往的拐角处设置标识，使这些弯曲的线条再次显现出来（图4-10）。

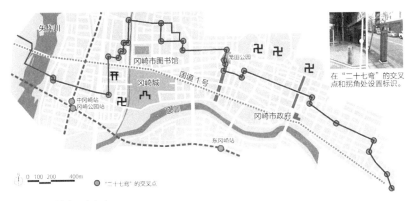

图4-10 冈崎市二十七弯

融入了防御意图，蜿蜒前行的轴线正是日本城市空间的魅力。

　　另一方面，由于插入了先前城市构造中没有存在过的新道路（秩序），从中衍生出了新的关系。

　　高山城下町中为了防守城市，在包围街道的外缘部分的斜面地块上规划了连续的神社寺庙。在各个寺庙神社，从山脚的街道开始就要攀登呈阶梯状的参拜道路，一步一个台阶地走上去非常辛苦。

　　对于从运龙寺到飞騨护国神社，1955 年实施了整治"东山游步道"的规划，规划出能贯穿这些寺庙的道路。新道路与僧侣修行处和参拜道路的构造无关，虽然从内侧开始贯穿的道路与传统参拜空间的城市构造有很大不同，可新线条的连接却衍生出了以外国游客为首的新型洄游路线，而与此同时，还能让人们再次欣赏到神社寺庙群建筑（图 4-11）。

　　近年来，围绕富山市中心街道规划了轻轨（市内电车），通过在逐渐失去向心性的街道中插入"环形中心"而发挥着平缓连接城市中小据点的作用。在环形中心的周围，有富山站前为首的富山城和大型商场、再生的城市核心富山广场、历史建造物的变电大厦等，通过连接这些建筑物，再次构筑了城市中各个空间之间的关系（图 4-12）。

图 4-11 参拜道的构造中重合的新东山步行街轴线、飞騨高山

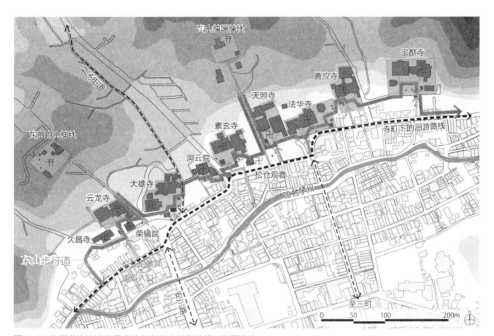

图 4-11 参拜道的构造中重合的新东山步行街轴线、飞騨高山

与位于斜面朝各神社前行的参拜道不同，连接各神社内侧前行的东山步行街让我们重新认识了寺町构造（左上图：素玄寺境内；右上图：云龙寺境内及钟楼门）。

图 4-12 连接富山和 centram 的环形中心

环绕富山中心街区大约 20 分钟行程的轻轨，连接了富山站、富山城、国际会议场、大手轨道、总曲轮中心街区、地上广场等，形成新的环状中心。

3. 以城市中庭控制整体

（1）控制中庭整合整体

虽说要使空间具有秩序感，但全面整理为对象空间并不容易，也没有必要。通过控制战略方面重要的"点"而支配地区的手法，在战国时代的筑城和兵法中就一直使用。另外，犹如按压人体的穴位那样，通过控制某些重要的点，像年轮或波纹一样来慢慢影响周围事物，通过这些点集合体像棋盘布局一样掌控整体。

（2）通过中心点来掌控

如成语"画龙点睛"的寓意一般，一个重要的"点"中存在着掌控城市秩序的能量。

例如，城下町的城郭中，能在控制一个重要的军事、政治据点的同时衍生出秩序。此外，在日本的大部分地方城市中，存在寄托着保佑城市的神灵栖息的山峰，这样以山峰为一个点使城市空间具有秩序。

这里，我们将目光投向日本的温泉街。这里的"汤"，也就是温泉作为地域经营的资源整合了城市空间，不仅限于温泉源头，只要存在温泉水源的地带，就能在地区中心形成"温泉源头"和"主要温泉区域"。草津温泉中钵状地形中涌出的温泉水源的涌出点"温泉田"在地形中也成为系统的中心，从这里以水闸引出的各温泉以围绕"温泉田"的形式发展，包含温泉的游览胜地和土特产商店、公共浴场等也在周围集中，现如今形成了街道的"肚脐"。

在道后温泉和山中温泉，还有公共浴场中"主要温泉区域"的一部分形成了城市中心。山中温泉在经历1648年（庆安元年）火灾后的城镇规划以来，以"主要温泉区域"为中心建设城镇，围绕主要温泉区域布置了多家温泉旅馆，但是1931年（昭和六年）再次发生火灾，随后进行了土地区域规划整治工程和温泉旅馆的温泉内部化，以及建设鹤仙溪游步道等的周边整改，使原本为聚集温泉疗养顾客的共享空间逐渐失去了本来的作用。

然而，成为"肚脐"的中心街区中，整改了主要温泉区域（菊之汤）的同时，还整改了山中座（文化会馆）和广场，且广场中被拓宽的主干道路可作为夏日纳凉和盂兰盆会舞的场所，中心街区以全新的形式找回了以前的向心性（图4-13）。

图4-13 以"主要温泉区域"为中心构成的山中温泉

在山中温泉区域，虽形态稍做了改变，但无论时间还是地点都有作为"肚脐"的主要温泉区域（菊之汤、山中座）。以往由于在东西南北都配置了神社，如同"卐"的形状一般向主要温泉区域汇聚。根据之后的火灾复兴的轴线、区域整治等规划了街道轴线以及向此区域中心延伸的轴线。

（3）缓慢地控制看不到的核心

在日本的城市空间中，中心和边缘的划分非常平缓，有时不能看到的"核心"也会连带出中心性。

日本的城下町总被人喻为"卷心菜"的形状，前文所述的城郭中也具有"城"这一核心，从外侧的寺町、商人町、武士用地，到夹在环城河间的三环、二环、中心内城等包围，除了成为中心的"城郭"，其他元素也同样重要。江户城现如今逐渐丧失了城郭的功能，皇城的森林作为空隙延续着东京的"核心"。

在文京区本乡和旧森川町可看到三角广场状道路连带出不可思议的中心性。周围是冈崎藩本多家别墅，是地块内设计神社（映世神社）的前身。一年一度揭秘的"宫前"路，在没有宫殿的今日演变为商业街，周围空间开拓为住宅用地，并作为此地块的"核心"赋予周围空间秩序（图 4-14）。

明治40年的映世神社
（《东京江户名所图会》，1906年）

祭典时的旧映世神社的前广场

面向旧映世神社的宫前路

图 4-14 本乡的森川町看不到的中心、三角广场

不可思议的三角形道路广场中，人流为什么会在此汇聚和疏散呢？以前，以冈崎藩下住宅用地内配置的神社和开龛参拜道方向为基础规划的广场和商业街，是隐藏的森川町中心。

（4）多个点形成的领域

"三点"是形成面的最小计量单位，同时也是限定空间的数字。一旦有了三点，就能够规定三角形和圆形空间。三脚架，既能使构造平稳，又如同三角测量技术那样，能够以三点来确定空间的位置。

渔民在海上的位置以能看到"山"的位置来确定，脑海里存在所有山峰形状的渔民以自己看到的三座山的角度，通过山峰之间的位置关系来确定自己所在的位置。这与三角测量运用的是同一个原理。

另一方面，日本原本的正统城市藤原京规划在亩傍山、香具（久）山、耳成山这三座山包围的中心，而且藤原宫在这三座山的中心布局，根据这三点之山来统合整体的秩序（图4-15）。

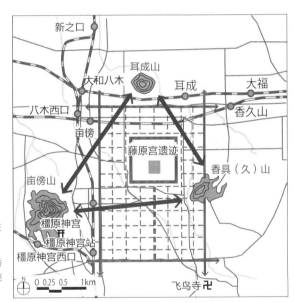

图4-15 藤原宫三山的三
角形

藤原宫规划在被亩傍山、香
具（久）山、耳成山这三座
山包围的中心。

甚至通过控制多个点，能够形成更细致、更强大的领域。

我们将目光投向横滨市华人街，入口处称作牌坊的门除了东南西北（朝阳门、朱雀门、延平门、玄武门）方向之外，还设置了共计 10 座（善邻门、西阳门、天长门、地久门、市场通门等）大门，通过掌握这些大门来掌握华人街的平面领域。

镰仓是通过三方环山而守护地形的要塞城市，为了不失去这种重要性，朝城市方向设置了 7 处通路系统（镰仓七口）。这种通路系统在分割城市与周围界限的同时，最低限度地切分了山脉，通行时仰望天空的缝隙，将此想象成其他通路的话，就能够掌握镰仓的地形和领域。

（5）使用"棋盘布局"的点控制

通过战略性地配置多个点来控制的"棋盘布局"手法，在较为松散秩序中也经常使用。与西方的外科手术治疗法相比，这种方法就如同中国的针灸疗法一样，按压穴位得以治疗。比起在身体内部的一个部位进行手术，如果按压重要的穴位，通过神经来刺激这些穴位而在体内循环，会得到显著的效果。

现在我们回到之前温泉街的话题，对于中心明确的总源头型温泉街，是由被称作"外界温泉"的公共浴场分散在城市中的形式而形成的，其中就存在这种"棋盘布局"型的城市构造。例如，在涩温泉、城崎温泉等，通过在城市中配置多个"外界温泉"，通过一个个的点，同时还有点之间的配置，浮现出城市空间的领域性，衍生出各个区域之间的交流和温泉街的氛围。

日枝神社（上町之春）和八幡神社 9（下町之秋）举办的高山祭（高山市）中值得一看的是称作"屋台"的彩车，这是根据不同地区祭拜同一祖先或神灵的人们创造的"屋台组"而管理和持有屋台，屋台组成为街道的一个单位。现如今屋台在下町仅存 11 台，上町有 12 台，保管这些屋台的"屋台藏"分布在各个城镇（屋台组）之中。分散在城市当中，在所有地域，对平时能够了解祭祀的地区，这在控制街道的意义上形成了非常重要的空间。

还有在加藤清正规划的熊本城下町（古町），大于 60 间的角落分割的网格街区中心，规划了神社（一座城一间庙），这些神社使各个街区（町）秩序化，使整个古代城镇具有秩序感。虽然因近代化后的改建工程，使包括神社寺院的街区构成逐渐崩溃，可地块的构成却被传承下来（图 4-16）。

其至这种分散的点使空间整体秩序化的方法论，在近现代的城市空间形成中也能看到。

二战前期的工业城市形成时期，在以公司及住宅街道为基础衍生的水岛市街道（仓敷市），以小型生活圈为单位的城市空间形成为目的，从开始规划时就在地区水平范围（各个城镇区域）设计了小公园，使均一格子状划分街区的城镇更加具有人情味。

虽然是在各地块之间规划了相同的小公园，可通过在住宅用地中央规划充满人情味的公园、面向儿童的游乐场公园、道路演变的花坛公园、被小吃摊包围的公园等设计，像这样以周围环境作为多样空间使用的公园所演变出的"点"，对城市具有深刻的意义（图 4-17）。

图 4-16 以一町一寺规划的熊本市旧街区

在熊本城下町形成的各街区中心配置了寺院，直到现在，这片旧街区中还保留着寺庙街区。这是以中心位置为公共空间而重新调整的城市设计。

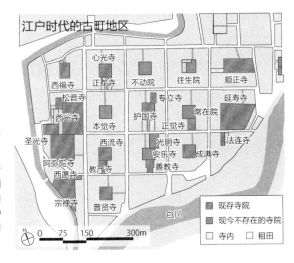

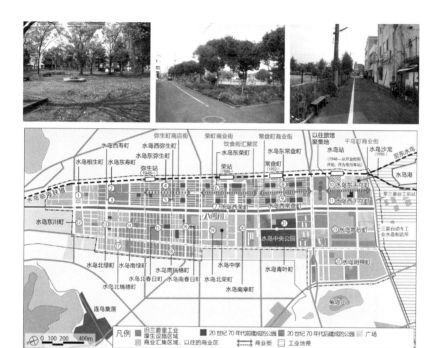

图4-17 仓敷的水岛市街区公园

这是在战争中期的工业员工住宅用地中产生，作为小小生活圈核心的小公园至今也规划在每个城市和街道中，温润了住宅用地中央周围的公园（左上图）和儿童游玩的公园、为附近居民提供花坛的公园（中上图）、被小酒吧包围的公园（右上图）等，根据周围环境的不同变化为多样的空间。

二、用积累的小故事编撰大故事

在欧美存在一眼就能鸟瞰整体的"大故事"的城市，而在日本这样的城市却是例外。从各个场面中收集起来的片段化的"小故事"来观察，才是日本城市构造的特征。其中，与其说是从脑神经的中枢传递而来，不如说是通过积累脑神经系统的小反应而产生故事。通过小故事如连歌一般积累，展示出不可思议的魅力，构想出全新的故事。

1. 融入特点的协调感

（1）采纳波动的协调守则

在短时间内使城市空间有效地填满平面的方法之一，是制作并复制模型的方法。以住宅用地和独栋住宅用地为首，日本在经济高度成长期，通过以上方式而使街道急剧扩大。然而，正如微型开发中见到的那样，过于相似的形态连续，会让人感到孤寂和冷漠。

商家如之前描述那样，每家每户之间相互独立，且囊括可能取代的系统（第三章），从某种意义上可以说这些商家是在此基础之上在严格的建筑规范之下修建而成。遵循这些严格的规则，不只是因为害怕受到严罚，进一步说或许是为了保持与周边区域的关联性，也就是考虑共生的层面上的因素。

例如，在传统街区飞骚高山，"行情崩溃"这一词汇变得尤为重要，在周围相差甚远的地区社会性规范引导了自然与周围的和谐。同时，这种近代城市中的街区与采用完全相同形式的独栋住宅构成的街区不同，仔细观察会发现，地块形状和规模，开口处和房檐的位置和构思，虫笼窗和格子的间距等方面，不同的商家都会存在略微的不同，这平衡了个性与共性之间的和谐。尤其是飞骚高山的街道中，在破格的设计手法中能看到虽然遵循基本法则，但其中却存在细微的差异（图4-18）。

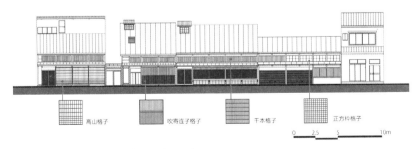

图4-18 飞骚高山（越中街道）中的格子设计

构成街道的各个商家，其正面以高山格子（下侧为正方形、上侧为竖长形的格子）为首，设置了很多不同的格子，形成具备个性化和协调感的街区。

此外，作为社会性存在人流聚集的城市空间中，有制度明确规定，地域的空间性规范中存在用肉眼看不到的线来维护地域的协调性。

例如，大概在 10 年前的表参道，为了使道路具有个性化，建筑与榉树之间的高度成为整改街道两侧景观的标记，即便是在国立市的大学路上，樱花和草莓交织出的行道树高度虽然不能被精确地规定数值，但却规定了自然与地区的尺度关系（图 4-19）。

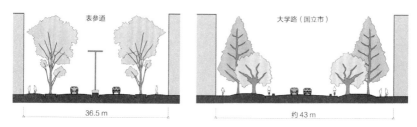

图 4-19 表参道和大学路（国立市）的道路断面

表参道宽度为 36.5 m，道路两侧种植着茂盛的榉树，充满无限魅力，到了近年，榉树成为限制街道两侧建筑物体积的要因。即便在大学路（国立市），樱花和银杏的行道树仍然柔和地引导了自然和周围空间。

金泽市的坚町商业街，建筑协议事项规定离道路中央线 6 m 处，设定了并非贯穿整体的拱廊，而是单独设定房檐，柔和地保持了形态性的完成度的同时，在详细的构思中展示着各个店铺的不同个性。然而那些并非选择在一层，而是通过在二层设计的房檐（最低高度 7 m），使二层的店铺也成为街区的一部分。如今，在一层设计的房檐和二层的房檐之间争奇斗艳，衍生出有协调感且具有创造力的街区（图 4-20）。

图 4-20 金泽的坚町商业街

在坚町商业街，与共通连续的拱廊不同，房檐群与雁阵形稍许不同，各个商铺中个性不同的房檐延伸出来。房檐也选择性地设置在一层或二层的位置。这种形态具备个性感与连贯性。

（2）传承构思的街区

在东京市，有百万人以上的土地持有者，日本的城市空间由详细分割的土地持有者支撑。因此，即便描绘出大型城市规划图，而为了实现这一蓝图，获得土地持有者的理解和配合尤为重要。

横滨市山脚下形成的元町商业街是以明治时期住在山附近的外国人为服务对象的街道发展而来的商业街，到了二战后，汽车和行人并存导致道路拥挤，成为行人难以通行的街道。于是，各个店铺联合起来，仅仅在各地块内的一层区域向内拓宽 1.8 m，向内让出的空间相互连接成为供行人通行的空间。虽然使此空间在商业街连续需要相当长的时间积累，可店铺之下的空间作为行人的空间得以维持的话，不仅是墙面，还要保持此空间不放置商品等，传统街区的构思所需要付出的努力尤为重要（图 4-21）。

图 4-21 横滨的元町商业街

各个商铺的低层部分后倾，不拓宽道路，在确保店铺前连续的步行空间的同时，通过道路和步行空间一体化设计的手法使道路城市化。

另外，在相模地铁绿园城市站前，在商业街各区域所有者的共同努力之下，以建筑师山本理显的城市设计为基础规划了街区，这里还规划了贯穿各个地块的"通行道路"。这是一个不遵守规则便无法衍生的空间，从周围空间向街区传递的构思所积累出的构想力非常重要。

在城市中心多个游乐场和丰岛园的南侧，清静的低层"篱笆住宅地"（练马区、城南住宅组合向山住宅地）默默地伫立在这里。这里以往被称作"城南文化村"，是以美国移民群体为主设立的公会而开发的住宅用地，并由公会的土地租赁展开住宅用地的经营。同时，地区内街区守则通过协商达成共识，此形式至今延续。现今，每家住户门前修建了豪华的"篱笆"，尽管建筑物自身被改建，可包含了柔和篱笆用地带形成的街区群。另外，这种篱笆景观延伸到协议条约范围之外，能够感受市民对于绿色街区的强烈畅想和其平缓地在周边空间传播的样子（图 4-22）。

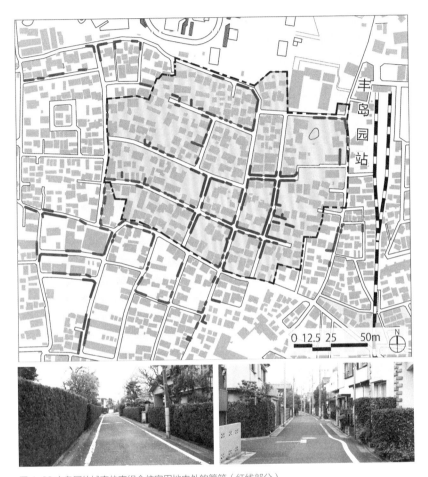

图 4-22 丰岛园的城南住宅组合住宅用地内外的篱笆（红线部分）

在当初组合中管理土地资源、持续保护环境的城南住宅组合住宅地（向山住宅用地），围着一条非常壮观的篱笆，区域外侧也焕发着篱笆的魅力（上图：组合区域内的篱笆；下图：组合区域外的篱笆）。

（3）街区遗传因子的影响

我们来看看具有特征和个性的城镇建设工程，会发现首先定位建设城镇氛围的"核心"，其影响着周围环境并不断渗透，逐渐使城镇的个性在区域中充盈的事例。

原宿表参道这片区域，就是通过插入核心设施积累而成。历经东京奥林匹克运动会，出原宿站沿表参道道路两侧有柯普奥林匹亚复式集合住宅（1965），成为沿道型建筑的典范，也成为表参道主要街道繁荣的契机。

此外，深入表参道内部，御幸路上伫立的 From First 大厦（1975）是在外部空间连接道路与内部的缓冲，是 SOHO 型建筑的先驱，成为沿道路两侧建筑的标榜。另外，在以往的城市内侧旧涩谷川步行街，融入了以巴塔哥尼亚为首的小型商品楼，地下街变成小商铺聚集的"cat street"。其他还有根据森林原宿大厦（1978）形成的商业街明治路，Boutique COUNTDOWN（1973）的竹下路等，一座建筑会影响各自的周边道路，产生出具有不同个性的小区域。

横滨市在 2000 年以后，提出建设艺术文化创造城市的政策，名为"BankATR1929"的传统建筑作为建造据点，而以再次更新项目为起点（当初是活用第一银行横滨支行、旧富士银行横滨支行，现在成为日本邮船仓库的 BankART NYK 的据点），再生和再利用城市中心的破败建筑。此外，为了影响周围环境，设置了多个"创造区域"的据点。顺应不同情况而产生的区域能够战略性地以"棋盘布局"手法发展。

（4）时间的沉淀使城市氛围渗透开来

由于城市空间的整治而产生的新城市氛围在地区中渗透，并非要急速整改城市空间，而是花费相当多的时间去创建"时间的沉淀"非常重要。

在小布施（长野县），稳重的日式街区是这里的魅力之一，并非因为残留着连续的古代街区。北齐馆建设始自 20 世纪 80 年代，通过悠然楼周围街区的景观，本着"室外由大家共享"的理念，以激活小布施堂为首要目标，进行了5间建筑物的景观整改和"栗之小路"的整改，这些连续性的景观整改和再生工程的积累，使周围街区景观整改的意识扩大，孕育出更具魅力的地区。

代官山集合住宅是由住在这里的朝仓家（朝仓房地产）和建筑师槙文彦联合实施空间整治的结晶，描绘出开发用地的规划整体形象而非立刻实施，继续传承内外空间的相互呼应，使人感受到"内部"的空间构成以及现代简约这些基本要求，素材、用途、空间一点点顺应时代，积累了25年的心血持续开发建成。结果，将农业用地扩大至郊外的代官山继续传承了集合住宅的空间性，隐藏在内部简约化设计的复合空间与坡面留下的边缘和保存下来的旧朝仓住宅等相辅相成，渗透到周围环境当中（图4-23）。

图4-23 代官山复式集合住宅

用了25年时间建成的街区，解决了调整和变容的问题。

（5）在逐层叠加的大故事之上累积小故事

在人口不断减少的日本，构想城市最好的方法是重新构筑既成街区，在解读已有的城市意图的基础之上积累新的想法。

前文多次介绍过的高山城镇，是16世纪末期金森长近进行城镇建设产生的城下町，对山和城的视线和街道的弯曲程度等详细规划的街道构造，随着街道而逐渐消失在人们的视线中。

经过了高速发展时期，保留了以前街区面貌的老街区受到广泛好评，在城市用地重新规划的进程中，不断解读成为典范的城下町中的设计意图，并作为应对现代课题的手法，例如关注街道与街道的"拐角"连接点，重新添加新的小型外部空间。

在这种"拐角"整治中，不仅出现了以交叉口为基础的城市构造，还有为了赋予城市丰富性，将小型的起步空间全部作为拐角，以河边和胡同空间为首，"拐角"的整治已经在城市中逐渐渗透和扩散，数量高达100多处（图4-24）。

图4-24 高山街角整治

在交叉口、沿河地区、寺庙前等多达100个区域设置了街角（种植植物的空间或小广场）。不仅在街区，根据街道或远眺等能将历史价值孕育在城市构造本身当中，为显示历史价值而配备了街角空间。

2. 类比和对比的处理方式

（1）"对比"和"类比"

空间的存在，能够通过对比两个以上的空间的相对性来明确位置。这项工作，不局限于明确位置，还具有对时间和空间的认识进一步赋予其丰富意义的作用。

日本的城市空间中，普遍融入了利用对比使空间体验更加深入的手法。最容易理解的是"对照"，而"对照"中却存在两个角度。第一，组合正反相对的事物或者不同的事物，发挥相互之间相辅相成的"对比"的角度（contract）；第二，发现相同事物中的多样性（类比）（analogy）的角度。

（2）类比手法

在日本，由于存在多种和多宗教神论，如同个性迥异的七福神乘坐同一艘小船一般，通常使用多种个性形成同一体系的手法。

例如，关东大地震后修建的震后复兴桥梁——隅田川桥，每一座桥都具有各自不同的设计，这些桥不仅是连接两岸的桥梁，同时还展现了各自独特的个性，整个风景展现了浪漫的隅田川风光。

这种类比手法是在发现类比性的构想力中被引导出来的。濑户内海的"风景"是在近代之后，外国人乘船在此处移动的过程中发现的，可以说，至今为止，人们并没有全部识别每座岛屿和海峡汇聚的风景。通过获取与濑户内海相同性质和类比性，将其作为日本初期国立公园。近年来，名为"濑户内国际艺术祭"的艺术活动在濑户内海的小豆岛、直岛、犬岛、丰岛、男木岛、女木岛等举办，这样的岛内活动，再加上往返于各岛的游客都扩散了类比性。

此外，江户时代的"五色不动"的类比使东京具有风情。以"德川三代将军家光从9世纪时期在目黑之地建造的'目黑不动明王'为基础，为了保护江户的城镇选出其他四座神社，以目白、目赤、目青、目黄分别命名"的典故为起源，但此典故事实上却并不存在于史实当中。据说汇总这些典故是在后来的明治时期。这些典故可以认为是根据明治时期人们的想象力，以各自存在的城市空间形态的类比为基础而重编的。

此外，1885 年日本铁路开通时，像夹在中间的新宿站一般，以类似的手法铺设了目白站和目黑站。这种对"类比"的想象力，引导出在城市中统合的空间魅力。

（3）对比手法

若要用身边的例子来体验这种类比性编辑工作的话，更多的是意识到类比以上的"对比"（不同事物之间的相辅相成）。在日本的城市空间中，能够发现很多在临近地区使用对比手法的空间构造。

最典型的例子之一，以上文提到的目黑不动明王为首，还有山王神社和爱宕神社等，大半神社的传统坡道中都有险坡和缓坡。通过同时规划直线形且倾斜度较大的险坡，以及平缓蜿蜒且有时在舞蹈用地中设计的缓坡，两者形成的动线对比，不仅区分了往来的路线并且实际上起到了疏导交通的作用，由于对比性景观的演绎，其中隐藏着一步步引出环路式空间体验的意图。

使用对比的动线，不仅限于神社，在城市的其他空间也很常见。例如，银座（中央路和并木路）、原宿（明治路和里原路的 cat street）、镰仓（段葛的若宫大路和商店平行的小町路）等，所谓的主要街道和羊肠小道以井框构造一并规划，通过往返于这些道路而发挥出相辅相成的作用。

这种对比构图，也应用在地区范围中维护秩序。例如，在城下町高山地区，以安川路为分界线划分为上町和下町，神社的祭祀活动也各自独立举行（日枝神社的春季山王祭和樱山八幡宫秋季的八幡祭）。

另外，在喜多方市，小荒井和小田付这两个集落是以田付川为境的东西向的兄弟城市，两个集落相互磨合发展。

前文提到的品川宿以目黑川上架设的桥为弯曲点，分为北品川宿和南品川宿，对于当时占地规模较大的南品川宿，以及含新发展的徒步新宿在内的北品川宿，区分并连接两地的河流和大桥，很好地磨合和整治了两地相互抗衡关系。

此外，这种对比构图还能作为城市中的多样化功能使用。

伊势神宫的本宫通常准备两个地块交错使用，每隔 20 年的"式年迁宫"非常有名，这其中也能解读正与副的相对理念。而且，这种相对理念即便在城市规模中，也以五十铃川坐镇的内宫（皇大神宫）和位于山田原的外宫（丰受大神宫）的形式融入其中。

以前，在这两座宫殿周围，有前往伊势神宫的御师住所和包含错综复杂的小路的城市功能空间。根据二战后复兴城市规划而整改的外宫周围城市空间以伊势市站和外宫结合的轴线为首，形成近代街区。另一方面，不久之后，内宫周围虽然有稍不留意就会错过的不起眼的空间，但是近年来由于神符町御荫胡同的整改，一方面复原了历史，另一方面衍生出新的繁荣景象，这也是"对比"的概念。另外，不应忘记的是连接两地纽带的伊势街（山脊道路）和长峰神社，还有之后新铺设的纽带御幸路。灵活运用具有辅助作用的纽带，是我们要孕育出的构想力。

（4）"并设"：类比与对比共存中隐藏的时间叠层

对比与类比当中，并没有对两者之间附设空间的（或者全部）距离感提出疑问，可通过相互毗邻，具有更为深奥的意义。一切事物根据不同的看法必然存在某些共同点或相通点，在这种意义上，类比和对比通常得以共存，由于毗邻和并设，两者能够发挥出更高一层的相辅相成的作用。

武藏野高地的边界有很多在有喷水池的地方修建的公园，具有两个水池的石神井公园（三宝寺池和石神井池）和善福寺公园（上池和小池）很有意思。这两个公园都在古老的喷水池（三宝寺池的上池）周围和昭和时期新建的人工水池（石神井池的下池）周边修建。树丛茂密地覆盖在三宝寺池的"阴"，阳光照射在水面的石神井池的"阳"（善福寺公园中，有阳光照射的喷水池的上池被树荫下的下池重叠），但这绝非单纯的复制行为。它既是地域核心又是水池源头的重要价值所在，由同时适用于类比和对比的空间与时间的重叠而产生形式（图4-25）。

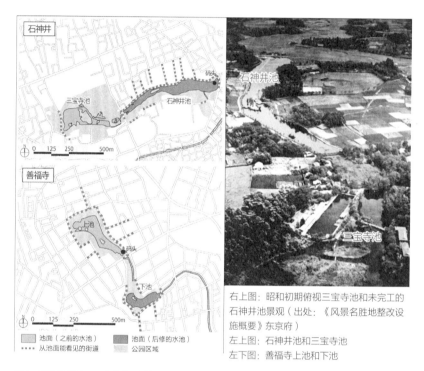

右上图：昭和初期俯视三宝寺池和未完工的石神井池景观（出处：《风景名胜地整改设施概要》东京府）
左上图：石神井池和三宝寺池
左下图：善福寺上池和下池

图 4-25 石神井池、三宝寺池和善福寺池的上池和下池

个性不同的水池组合成为城市核心。自古就与三宝寺池成为组合的石神井池"石神井公园"（善福寺）上池和下池为组合的"善福寺公园"都是在昭和时期打造的人工水池，创造了并非街区的"池区"。

此外，原本一个空间随着时间条件而分裂为"对比"的空间，也能产生同时适用于对比和类比的空间。

现在，相邻的清澄庭园和清澄公园（江东区）是在1880年由岩崎弥太郎下令修建的一体化庭园（深川亲睦园），在关东大地震时期成为下町的避难场所，以此为契机，东侧一半被捐赠给东京市，随后成为清澄庭园（1932年）。

另一方面，西侧还是保留为私有庭园，并转为企业用地使用，现在，这里作为更为开放的公园空间（清澄公园）被重新整修（1977年开园），成为和式庭园和近代公园并设的情景。两者的入口敷设了毗邻的道路，融入了边缘的类比和空间的对比（图4-26）。

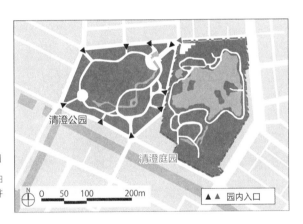

图4-26 清澄庭园和清澄公园
当初呈现一体化的庭园，由于不同时段的累积，成为并设的"庭园和公园"。

还有，东京下町（城下町）的重要的祭拜场所富冈八幡宫，以及境内设计的深川公园的空间配置也很有意思。当初，这片区域曾在富冈八幡宫的别当永代寺境内，明治维新之后由于神佛分离，永代寺成为废寺，遗址成为深川公园，因此深川公园形成如同包围八幡宫一般的形式布局。深川公园中，由于江户时期将永代寺的成田山不动明王像移至寺院外祭拜的方式根深蒂固，1882年在公园内修建了不动明王像，沿参拜道路发展为店铺琳琅满目的休闲空间。

由于时间的积累，开放型娱乐地西侧的深川不动明王及深川公园，和东侧布置了神殿、社仓的壮观空间的富冈八幡宫形成对比。这种不同类型的组合都是祭祀场所，一个是祭祀不动明王的庙会场所，一个是重要的深川祭祀场所，两者缺一不可，是深川地区支撑祭祀活动的内外一体化空间构成（图4-27）。

图 4-27 深川不动尊、深川公园和富冈八幡宫并设

现在的深川不动尊、深川公园和富冈八幡宫，在近世之前根据神佛合体而形成一体化的境内空间，而后来根据明治时期的神佛分离和公园政策，传承了并设领域性不同的空间形式。

3.超越境界的创造

（1）联合相邻区域"诉说"大事件

日本的城市空间从巧妙地利用土地的缀布拼图法中衍生而来，这已在前面的内容中介绍过，相反地，由于偶然性且具有特征的地区出现，偶尔会衍生出一个大规模的区域（超大区域）。

例如，具有历史魅力的区域人气高涨，名为"谷根千"的区域在上野和本乡两个高地之间，自宽永寺创建以来，陆续聚集了开放式神社，直到现在，谷中墓地等沉寂的空间延伸而来的寺町"谷中"、根津神社门前和德川家还有旗本的住宅用地延伸而来的"根津"，还有以往农村和武家用地延伸出的后来被用作住宅用地的"千驮木"，由这三座风格迥异的町组合而成。这几座町都是人烟密集的下町，且未曾受战争影响，是保持着各自"情绪"的领域，以当地的主妇们发文表达这些领域的历史性"情绪"而创刊的地方杂志《谷中·根津·千驮木（通称"谷根千"）》为代表，产生出一个多区域结合而成的超大区域。通过这次新闻发报，带大家认识了这三个区域汇合而成的历史性文化街区，且作为新型"超大区域"倍受大众青睐（图4-28）。

不知道是否以"谷根千"的魅力作为起点，具有这种特点区域共存的想法在各地蔓延。在新宿区和文京区，随之出现了以大学为中心的学生街（早稻田）、自古就具有稳重气息的高级住宅区（目白）、鬼子母神为中心的门前町式怀旧型的区域（杂司谷），还产生了以上区域中的知识分子团体为开端被命名为"早目杂"的超大区域。此外，还有在大田区，由文豪聚集的前卫据点马入士村、信仰核心池上本门寺、具有魅力的郊外住宅用地环境的洗足池等组合而成的"马池洗"，或者没有这种称谓的例子有野田、福岛（大阪市）等形成一体化的区域。

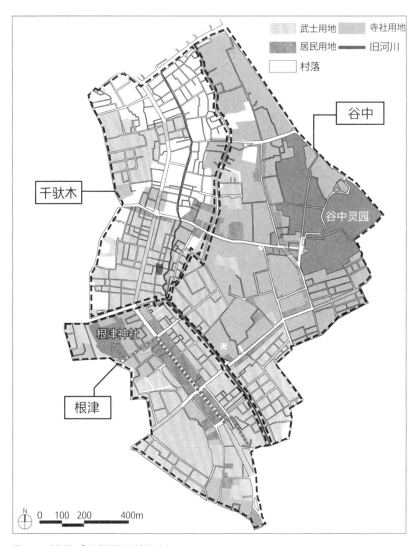

图 4-28 "谷根千" 这样超级区域的形成

以寺院密集的寺町和谷中灵园为中心的"谷中"、根津神社的门前和德川家、旗本住宅用地展开的"根津"、村落和武士用地的展开空间、之后文人汇聚的宅邸用地"千代木"，这三个各不相同、各具特色的区域，在地域杂志《谷中·根津·千驮木》中被介绍为相互连接的超级区域。

（2）宏观构想力连接区域并产生超大区域

日本的商务中心东京站周边，大手町、丸之内、有乐町这三个区域组合形成"大丸有地区"。原本是德川家重镇的武士用地街区，明治维新之后，这片区域作为军用练兵场转让给三菱财阀，建设采用适应时代的不同风格和规模，始终作为办公楼街道使用。

以前，丸之内区域是周末时人群稀少的办公楼街区，由于大手町和有乐町的土地拥有者和相关者齐心协力实行区域管理，复合了商业和文化功能，终于完成了将此街道的功能转向人们在休息日也能前往的休闲式街道。今后，人们对于形成"南之日比谷—银座—新桥—汐留"，从东到北是"八重洲—日本桥室町—神田—秋叶原"逐一相连的超大区域的期待也不断高涨。

此外，这种超大区域建立在连接既存区域之间的宏观构想力的基础之上。

在点缀横滨市中心的21区"码头未来"，建设在开港时到逐步发展形成的关内（旧城市中心），战后复兴项目中急速发展的横滨周边地区（新市街区），这两个核心划分出曾作为支柱产业（造船厂）的用地上。"未来码头"使这里转变为"国际文化管理城市"，使两者相连形成关联，在横滨市中心尝试引导超大区域。

现在，这条街道开通了"未来码头"线，"横滨—未来码头—关内—元町—近山地区"串联相接，还增加了野毛和黄金町等下町，衍生出超大区域。另外，在横滨，下一个50年的构想目标（海上城市横滨构想2059年）也在讨论当中。仔细观察的话，横滨是以内湾为中心，围绕码头和陆地打造出圆环状的构造。通过将至今为止都作为产业用地的码头向"区域"方向孕育转换，形成超大区域的构想也会随之实现。

三、抓住隐藏在背后的故事

一座城市或一块地域，是在以这个地域的风俗文化、社会构造和社区等为基础的地域构造之上运营的。然而，这种地域构造本身被更高的概念、思想、制度、惯性等背景所掌控。寻找在社会制度、普通观念、自然环境这些乍一看并不属于直接地域问题的根本中流淌的脉络一般的事物，同时在寻找地域形态时，我们要仔细看清气候或海洋状态，要敢于乘风破浪，具有"冲浪"的心境。

1. 抓住制度、思想的形态

（1）将思想载入空间

为了建立城市空间以及人类活动的秩序，连接人类的信仰或思想等，将空间作为媒介加以利用的情况很多，这种信仰和思想通过置换为空间秩序而固定下来。

例如，"风水"思想中，太阳的轨迹和地形孕育出的自然界法则中添加了人类文化思想的解释，以"方位"这种超越城市规模的宏观空间概念为媒介制定城市秩序，存在基于"风水"思想以方位为前提布局和设计的城市空间。此外，选定了三面被山峰包围、东侧有河流流淌等，地势上有类似条件、状况的场所。

京都的城镇也是深受"风水"思想影响的产物——南北网格的城市，占据北山和东山、鸭川等方位。地形也是从北侧向南平缓下行，通过看水流的方向就能识别方位。

同时，在日本效仿这种"京都"布局，还形成了很多"小京都"，间接利用构造来实现城市构成，在整个日本镶嵌了方位的秩序。

另外，再看看前文提到的横滨华人街，华人街的网格朝周围中心区域的网格方向稍微偏离。这是成为华人街之前开垦耕地时的既存形式，自然引出的用水轴线正好与东西—南北方位相近，由于与以往周围不同的轴线方位而产生了"异界性"。

奥州平泉作为藤原三代之城而繁荣，由于洄游式水池和庭院产生了回转形式，水池和山峦、神社、宅邸等通过自然产物和人工产物的巧妙布局，使佛教思想空间化。以此为背景，人们尤其重视落日方向，城市空间表现出以西方净土思想为基准的构成。

在以这种净土思想为背景的同时，藤原家三代领导者，以各自不同的轴线对同一平泉之地进行描绘。初代清衡以"关山丘陵—中尊寺—御所"为轴线建立，二代基衡选择金鸡山和须弥山，在山脚下增设了"金鸡山—毛越寺—观自在王院"这一新轴线，三代秀衡也同样以金鸡山为圣山在这两条轴线中间设立了"金鸡山—无量光寺—政厅"这一轴线。

这些轴线，都是根据佛教净土世界现实化为基础思考而来，地形当中埋藏的三个信仰轴线在平泉的城市构造中融入"意图"。这种净土思想在神社内也被反映，水池的配置和石头及神社的位置、重合的方式、边缘的方位等被详细设定。旧观自在王院遗址和无量光院遗址等，虽然代表建筑已经不在了，可建筑布局本身表现出的思想得以延续下来（图4-29）。

图4-29 平泉的城市构造（岩手县资料）

在平泉的城市中，中世藤原氏通过巧妙地配置自然产物和人工产物，使极乐净土的思想空间化。以净土思想为背景，连续三代的领导者在这片区域重叠规划了不同的轴线。

（2）超越规模，抓住其中一个秩序

　　一条主干分为无数个分支，各个分支再分化……一条构造规定在其他规模当中反复出现称作近似图形（与本身相似，套匣）构造。如植物和里亚斯型海岸等，初看这些在自然产物常见的构造中不存在中心和干线的意义，虽然可能看不到明显的构造，但有时一种构造（思想）在各种规模中都同样能够使其空间化，实际上可以捕捉到其中蕴藏的非常强大的"统辖性"。

　　在富士吉田的御师集落，以日本的名山富士山为信仰对象的富士拜庙组织的秩序也被空间化。在日本对山岳的信仰中，山峰是人们崇拜和敬畏的对象，也同样是应被亲近的对象，属于远在天边近在眼前的距离，是心灵的归宿之地。这种对于信仰的秩序，是不用直接接触就能够感受到其存在的"轴线"，而且采用以让人有虔诚感受的对称形式进行空间布局，这种空间构造甚至从城市渗入到住宅区。

　　首先，富士吉田的御师集落（御师町）位于富士登山道的玄关口处，在朝富士山方向笔直延伸的参拜道路上，能看到从正面就能接近富士山的装置布局，同时还在参拜道路的入口设置了牌坊（金牌坊），象征神圣感。

　　其次，如同脊柱一般的登山道的对面是犹如梳子的锯齿状建筑物，是为了攀登险峻山峰的人们而设置的御师住所（御师住宅），此外还有通往此处的通路（立道）。立道是朝着各家的玄关正面延伸而来的"轴线"，在入口处设计的门，它与牌坊一样，是为了提醒人们此处为起点的界限。立道与横跨祯之瀑布垂直相交的小河流（柳川）相连，一直到达轴线上住宅的玄关处。

　　最后，打开玄关，轴线甚至还渗透到住宅中神龛轴线的布置秩序上。这种神圣的轴线从广泛领域（从牌坊到富士山）到地块（立道），甚至到住宅范围，所有范围都衍生出了秩序，前来参拜富士山的人们能够感受到肉眼不可见的秩序（世界观）（图4-30）。

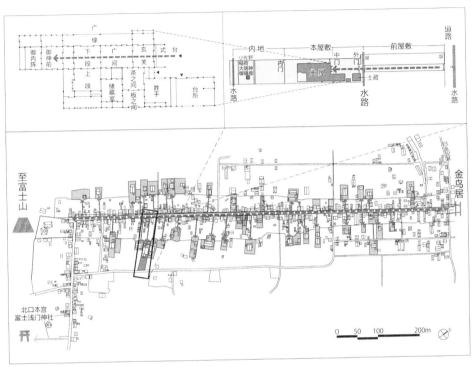

图 4-30 富士吉田集落的套匣构造

与从牌坊到富士山方向的参拜道垂直相交，延伸通向御师住宅的出口道路（立道），这条立道与御师住宅的玄关和神龛垂直。

（3）追随制度的规范

从日比谷环城河看到的有乐町、丸之内的高度汇集街区，是新城市规划法制定之前按高度控制规范（商业地百尺：约31 m）打造的风景线（图4-31），归根结底，在近代的商业区里，街区依据此规范建造。

高山的历史街区中，并非从高处俯视风景，建筑物的房檐高度限定为4.2 m左右，导致出现了介于一层和二层高度之间的建筑聚集的街区（图4-32）。

到了现代，这种规范虽然向科学的方向转变，但基本上其秩序构造仍保持不变。例如，在街道中看到的上半部分倾斜的、被截断的街区，考虑到街道的采光应具备规定的斜向限度，在此限度之上施加城市开发的压力，可能就不是单纯为了实现景观而打造的街区了。

另外，如高度为11层的建筑避开设置紧急升降梯、高度为14层的街区避开设置疏散楼梯等，也存在如果不注意肉眼就不可见的法则与开发之间的设定建设高度平衡的情况。或者，为了尽可能地节约空间而削减公共走廊部分，按照规范将其作为规定对象之外或剩余空间。

在这种制度之上，从建立城市空间的角度来看，这些制度制约着形式，为缓解这些制约而想方设法去努力研发产品。相反，还存在超越这种制度的逆向流派。以沿着青山路的城市开发为例，把握太阳光线制约建筑衍生形态规律，将其作为构思的重点运用到设计当中，这已成为出类拔萃的设计的指示牌（图4-33）。

图 4-31 留下高度 100 尺线的日比谷环城河

在旧城市规划时代的最高限度（商业用地为 100 尺 <31 m>）之下建造的建筑物线至今依然被秉承。

图 4-32 房檐高度整齐的高山三町街区

与代官大人从上向下俯视不同，设置了低于二层的"夹层"，房檐高度控制在 4.2 m，檐线整齐。

图 4-33 活用日照规则的青山开发项目 (AO)

遵守日照规则而确保周边地块的日照，设计为独特的形态。

2. 物流连接街道

（1）"搬运"衍生出的连锁反应

在经营城市的基础上，不可缺少的系统之一是产业和支撑产业的物流，而这种产业和物流引导了自然与城市空间的连锁反应。

被列为世界遗产的石见银山，不仅有称为"间步"的银山通道，地方政府和商业街区（大森町：重要的传统型建筑群保护区）也设在这里，还有运输银的街道、海港城市的温泉街（温泉津：重要的传统型建筑群保护区），而且这里运输物资的港湾被评为一体化世界遗产。以上这些都是通过物流而连接的网格，理解这种网格才能领会产业风景的韵味（意图）。

此外，例如从关东地区的养蚕农家搬运蚕丝时，是从转场地点八王子区运输到横滨（或者横滨铁路，现 JR 横滨线），再从红色炼瓦仓库的某个码头船运到世界各个角落，从这种意义上看，农家和码头是相连的。

作为一个产业兴起而成长的大企业牵引城市的"企业城下町"发展，近年来，产业遗产逐渐被重视，但对于不了解产业遗产的游客很难产生"这只是座建筑"之外的理解。然而，试着探索遗产所承担的产业和这种物资的流通路线，能够发现城市产业遗产互相连接而形成城市空间框架。

在新居滨，别子铜山的隧道和隧道附近的从业者住宅空间、选矿厂和公司宿舍、冶矿厂、港口，通过运输路线彼此相连。特别是，从别子铜山将铜运输到港口、从城市到铜山旁的从业者的生活场所运输物资的道路被称作"登道"，大部分的搬运工在此道路往返，沿此道路还布满了商业设施。

后来，搬运由徒步到便捷的铁路等交通方式的变化，再加上封山之后，导致这样的网格在城市空间中逐渐消失，但沿着"登道"仔细观察，至今拐角处还立着灯笼，提着灯笼一步步摸索前行还是能找到城市中关于搬运的历史记忆。另外，现今铁路本身也荒废为"遗迹"，尝试作为残存产业记忆，将其改为自行车道被重新利用。通过挖掘物品和人们的"流通印记"，能让切断的城市空间被重新编辑。

（2）"素材"编织出的故事

无论是什么材料只要花钱就能买到，现在还不断出现新素材，所以只用当地的素材建造城市的情况越来越少，但在以前，运输材料本身就是一项非常花费成本的工作，在各个不同地域，使用本地材料，能够发现如何规划设计具有功能性和魅力的城市的智慧。反之，因"不能运输"材料这种制约条件，成为打造出具有地域特色建筑的基础。

日本帝国宾馆的设计者弗兰克·洛伊德·莱特偏爱石材。实际上在"大谷石"的原产地大谷地区，城市中到处都是大谷石。说起来，切分地区的岩盘本身就是大谷石。它能让人们感受到自然耸立的大谷岩石的同时，还能感受到切分岩石的开采场地中垂直且壮观的岩石壁面，特别是地下的开采场地遗址，也成为供人观摩的博物馆，向世人展示着其中的魅力。

在大谷，即便在区域内部也分布着使用这种石材的乡镇。除了大部分民居和石窟使用大谷石建造之外，大多数的住宅用地和石墙也使用相同石材，地区内排列着显示地域性的城镇群。仔细观察的话，会发现建筑中石头工艺被巧妙利用，到处都是大谷石的文化景观（图4-34）。

另外，宇部市是用石炭材料（以石灰石为原料的水泥）发展起来的工业城市，用过的石炭能再生成矿渣，用于生产混入这些矿渣后烧制的炼瓦，这种炼瓦因为色调柔和而被称为"桃色炼瓦"。在宇部盛产的"地方传统素材"和渡边家的旧宅邸中，在旧街道（岛地区）中，墙壁都是使用这种桃色炼瓦，能够感受到其中具有的环保意识（图4-35）。

图 4-34 被大谷石包围的城镇（大谷市）

不仅作为建筑、围墙以及铺路材料，还衍生出了自然地显露石材的独特风景。

图 4-35 活用桃色炼瓦的街区（宇部市）

混合生产煤炭时矿渣的桃色炼瓦遍布城镇之中。

3. 任凭自然"统治力"的安排

（1）自然的流动统括了城市

日本的城市空间中，虽然到处都能发现在被动地利用自然力量方面所下的功夫，但从城市空间到社会构造，自然力量都能赋予其秩序。在无法避免与自然共存的城市空间中，这种自然力量在城市空间以及在其中活动的人类社会构造中建立着秩序，而其中的过程有自然形成秩序的情况，也有巧妙地激发自然力量衍生出必要的秩序的情况。

例如，第一章提到的自然地形大致规定出城市的布局。来看看东日本大地震（2011年）发生时的灾区三陆沿岸城市，虽然在高速成长期后因城市发展计划而扩大的城市街道中难以看到这样的城市，但近代之前街道两侧宿驿等衍生出的城市中心，有的在海岸或河川稍微靠内的河岸（海岸）阶地上，有的在山脚街道的节点处，规划者通过解读地形并且凭借以往的经验，选择在灾害较少的低地规划城市。

再者，有自然力量的"太阳的位置"，也很大程度上影响了城市构造。受到阳光的照射，这对人类生活极其重要，近代之后的住宅用地中，能够享受日照成为住宅的条件之一，衍生出各家各户朝南向设计的秩序。

相反，出售生鲜食品的商店等，为了避免阳光照射，则沿用能够避光的朝北向设计，或者使用降低阳光入射角的避光暖帘。现在日照及采光被规范化，虽然使用日影规则和北侧线制约的规则来控制，但这些手法在城镇中也被显现出来，例如，缺少工厂那样的锯齿屋顶的独栋住宅群景观就是通过北侧斜线规定来设计的。

另一方面，影响城市空间的自然要素，不仅有地形和阳光。生活中为了防御大风，山间的集落都靠近山脚下平缓的原野地带建设，且为获得人类生活必不可少的水资源，选择容易获取水资源的沿河地带、地下水或涌泉地带来发展城市。此外，热带地域中，具有通风及排烟功能的空间构成非常必要。

像这样，风、空气、热能等都能够在很大程度上影响城市空间。

（2）"利水"纺织出公共空间

水顺应地球引力，自高向低不间断地流淌，存在自然能量。同时，除了肉眼能看到的部分，地下的部分也一样，我们的城市空间大致是依存于水流而形成。另一方面，为了满足城市基本生活需求，必须接收水源（上水）和排除污水（下水）。为了实现有效用水，设置了利用自然力量的水利系统，在城市空间的体系化（秩序形成）中使用水利系统的事例在日本各地都存在。另外，这种使用方式不仅衍生出城市空间，还诱发了社会体系化。

城市信息传达场所，很多位于桥边。还有，像井户端会议的命名一样，一旦有了井，这里就会成为人们聚集的中心，成为信息交流的场所。河川和水路的一部分设置为洗衣场或饮水处，可以一边洗衣服，一边聊天。此外，由于水流形态的多变，也多次"帮助"了城市。将水流引入水池，能够衍生出湿润的露天场所或观赏胜地，使用水车或水磨的话，还能将水流能量转换为动力。储存温度变化不大的水资源，还能成为冰箱或保温库。大水池通过控制地域温度，发挥着"空调"的功能。

像这样，人类生活中不可或缺的水资源利用与地域秩序合为一体。农业、灌溉、生活、下水等，无论哪种类型，如果没有有效地管理和运营，就不能在地域内游刃有余地利用它。因此，为了更有效地利用水资源，就要制定必要的管理体制。

在松代（长野市）的联排武士房屋前，蔓延着称作"川"的水路，担负着城市水系统的职责，而用地内侧流淌着称作"堰"的生活水路，承担着内部配给线的功能。另外，各个武士房屋内侧的庭院中，都有称作"泉水"的庭院水池，这是使松代建设为庭院城市的重要因素，这些泉水越过地块界限，作为第三条水路连接起来（泉水路），根据水系统而形成体系（图4-36）。

此外，据说即便在神代小路（旧国见町，现云仙市）的武士宅地，宅地

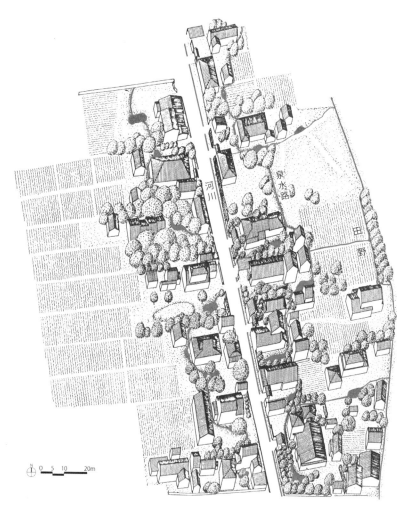

图 4-36 河川—泉水路—田野灌溉水三层水利系统（出处：《庭院城市松代》，长野市教育委员会）

连接各个住户庭院泉水的水路相互连接，这是一个全新的发现。

前流淌的水路曾被各个宅地引流，作为庭院和生活用水使用。以多种方式水力系统多重发展而闻名的郡上八幡，到处都能看到水的空间。无论在哪里都能够发现其中蕴含的人们多次利用水资源的智慧。

高岛市针江集落的河畔是个非常有意思的系统。在琵琶湖沿岸的山峰处蕴藏着丰富的地下水资源的针江集落，人们将这里的地下水作为自然喷出的上水利用，将地下水系统和地域水路系统与在各个住宅处规划的河畔连接。地下水从元池（不透水层的地下水）通过水压抽出，通过管道流淌到被壶池分割成好几段的盛水缸中。壶池上段用于冷却饮用水或蔬菜，水流经过台子上的水缸，下段供鲤鱼戏水或用于清洁泡在水里的餐具的残留物等。另外，水流被送向端池，在这里洗涤物品或作为中水，流向家门前的水路。

以前在用船运输稻谷时途径的河流（水路）增加了从河畔处聚集的水资源，流淌着涌泉和地下水，现今此处繁殖梅花藻，成为田螺的栖息地，有助于净化水资源。这种与自然流动及净化能力和谐相处且恰到好处的城市生活，直到现在依然存在（100 户以上），这为思考 21 世纪城市空间带来了启示（图 4-37、图 4-38）。

图 4-37 河畔的分布（图版：以内木摩湖，石川慎治，滨崎一志"关于滋贺县高岛市针江地区的河畔"2008 年日本建筑学会学术演讲梗概集 E-2、2008 年，第 615—616 页为基础稍加修改）

高岛市针江集落中，利用地下水的河畔将近有 100 处。

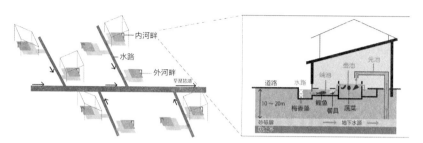

图 4-38 河畔的构造概念

河畔由元池—壶池—端池三个阶段构成。分为室内的内河畔和屋外的外河畔。

这种水利系统，不仅存在于特殊的城下町或街道。被险峻地形包围且显现了渗透地层的涌泉构造是日本的特征之一，在具有这种空间特征的地域中无论哪里都建造了相似的构造。另外，这种操作本身也比较简单，例如在称作"segi"的水路中设置木板用来调节水量。

在高山市荘川的一色总则集落，建造了以农业用水为中心的水路系统，即便是现在仍然在每条用水路上设置水路组合，实施定期巡回管理，这有助于地域交流。人们在水循环方面下的功夫随处可见（图 4-39）。

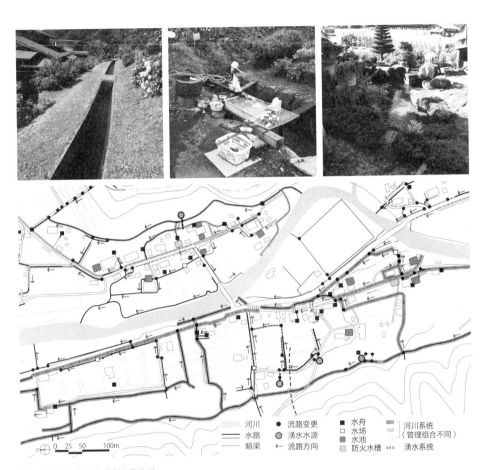

图 4-39 高山市一色总则水路构造

能看到巧妙利用从河流处起始的引水和涌水的水路网。根据系统的不同而掌控管理组合，同时根据管辖流水路线的杉木板和水场、水池构筑了细微的水源利用网。

（3）接受大风：防风林风景和风之道

控制流动的能量要素不仅限于水资源。如前文所述，集落形成时需要注意的自然要素之一还有风。在河川形成的扇形地域且周围没有起伏的平原地区建造住宅时，并不存在能够避开风的位置。于是，各家各户通过种植防风林来保障日常生活。在大部分地区，盛行强风具有极强的方向性，为了防御盛行风而种植防风林，集落或民家的空间构成按防御盛行风的方位布置。例如，砺波平原的散居村，分散的住户在距离邻居近 100 m 处种植了宅地林，还有仙台平原的水泽江刺地区等见到的"居久根"等，各地都有具有这种风景。

在松浦市（长崎县）见到的"丛林"（高型灌木篱笆），是使用槙树和椿树打造的高大灌木篱笆，每棵树都经过精心修剪，形成了魅力无限的景观。出云平原的"筑地松"也是为了防御西北季风，被精心打造成大型松树墙壁。剪下的枝叶作为燃料使用，为资源循环利用做出了贡献。

此外，以茅之崎海岸的松林等沿海防沙林、防风林为例，不仅作为单个防风林，还有树与树连成带状来防御大风的形式。北海道标津町中格子状的防风林和十胜平原，除了保留以只种植橡树为基础的防风林，在农业用地边界还种植了落叶松及白桦防风林，同时也作为燃料使用。

另外，不只是树木才能作为防风工具。在经常遭受台风、暴雨的地区，也使用高耸的石墙等来应对自然环境的变化，如先前提到的女木岛中的石墙风景。

另一方面，不仅限于防风，转化为风能的流动装置也要运转起来。在高山市丹生川町的集落（北方的法力集落），在东西向流淌的河流北侧的缓坡上种植了水田，沿其北侧的山脚下连续修建了民宅，它们并未完全建在南侧，而是靠近斜坡，在沿山脚下的等高线处建造。这样一来，斜面发挥防风作用的同时，建筑物自身也顺应地形形成城镇，大风也被有效调节，能够顺畅地流动（图4-10）。

人们究竟该如何利用自然力量呢？我们认为不仅仅是对抗自然力量，有时抵挡、躲闪的智慧也是今后城市规划中所要探求的方向。

图 4-40 丹生川地域北方的法力集落（高山市）的民宅群

以线形排列的集落，为了使风沿着山脚下等高线流通。

第五章　推动万物

　　人类根据自我需求主动推动空间建造。以城下町为例，为了防御敌人，追求便于防御、利于生产食物、安居乐道的居住环境，根据这些强烈的意愿建设城镇。城市中体现出人们强烈且直接的构想力。

　　然而另一方面，存在完全相反的推动建造的方式。空间能够影响人类对移动方式的思考。例如，坡道在高低起伏不定的地形中，形成最容易通行的场所。只要这种空间状态不消失，构想意图即便稍微发生变化，世世代代的人们也会继续建造坡道，即空间使人们创造出坡道。

　　城市受时代需求的影响最终完成变化。为实现新的利用形式，建筑由以往的形态向新形态转化，或部分转化。或者不改变以往的形态，由以人们设想单一的利用形式偶然地向多样的利用形式改变。无论如何，在这些变化中，只要解读城市构想力，就能确保城市的稳定性。

　　讨论城市的持续性问题已经花费了非常多的时间，其中的关键问题是城市中使什么持续下去。即便替换所有的建筑物、改变生长的植物、改变城镇规划，或是更换居住人群，可以说只要每个时代的人们与空间相互作用而产生的构想力不断涌现，城市就会一直存续下去。

　　这样一想，城市本身就具有构想力，我们可以认为推动万物是城市持续发展的战略。那么接下来，我们来具体探讨一下其中的战略。

一、地形的独特性使行为固化

　　空间中存在物理特性以及社会特性。在两者相互影响之下，引导出各个时代空间整治的形态。在物理层面，特别是规定的重要空间特性，延续了超越时间的存在，也决定了按点、线、面等移动的各种人类行为。

这种地形中的特有空间受到地域社会的影响而具有原始性，且很稳定。特别是建立与人关系密切的空间，地域社会自身就会一直传承这种空间。像这样被引导的行为不仅具有普遍性，还具有传承的特性。

1. 与自身相似的空间构造

（1）水流与"Y"字形的近似图像

地形是形成城市空间时最具有影响力的要素。如第一章所述，规定城市布局的是大地。而试图解读大地地形和地质的正是人类。

在本章中，为关注并解读土地历史中环境与人类的呼应关系，我们将目光投向涩谷。涩谷地形是大型低地中嵌入"Y"字形的形态，深入的"Y"正是涩谷川。从涩谷川延伸出无数个细长的山谷地形，"Y"字形构造重叠，形成了不同规模的且与其自身相似的空间构造。可以说，水的物理性特征有时会带来较为典型的空间构造。

在现代之前，东京尽头的涩谷是与大型商业消费地区相邻的郊外村落。在小"Y"字形的小溪流被大型"Y"字形水流吸收的位置，放置了水车充分有效地利用水能。"春之小川"中歌颂的恬静的田园风光就是宇田川水系的河骨川（图5-1、图5-2）。

（2）根据"Y"字空间编排土地的意义

到了经济高速发展时期，东京在不断扩大化的进程中，城市交通量猛烈增长。其中，确保排水功能正常运行成为一项课题。于是，城市中没有源泉的河川成为暗渠，并改为下水道。在此背景下，1955年下半年，涩谷的形态发生巨变，且作为"终点"发挥作用，在地上空间进行大规模开发。而地下空间也以涩谷为首，将涩谷的河川暗渠化，或者改为下水道。

经过这样的城市化过程，随之形成现在的涩谷地形，具有重复"Y"字形特征的空间构成发挥了重要的作用（图5-3）。

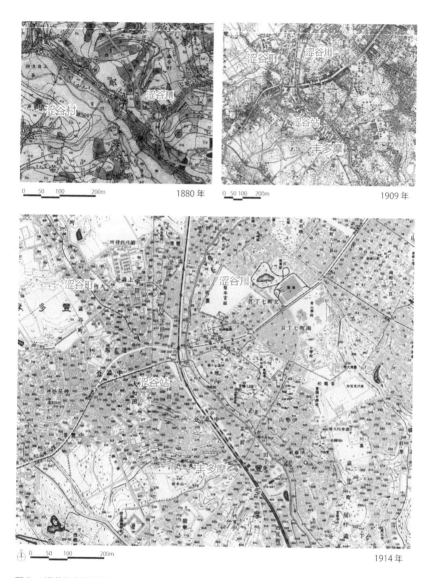

图 5-1 涩谷的变迁过程

从日本明治后期到大正时期的图纸中，最为显著的特点是没有直线。涩谷川（上流）、古川（下流）水系以武藏野高地东端为水源，通过淀桥高地流向东京湾。同是水源的内藤家中住宅用地内的玉藻池现在被称为新宿御苑，以大名住宅用地为水源的支流很多，可以说依然沿用了江户时代的水系统。

"春之小川"（河骨川支流之一）中歌颂的田园水车，其功能随之转化为以能量产业为目的。因此即便水路发生改变，仍是人们为生计和生产而利用的河川。

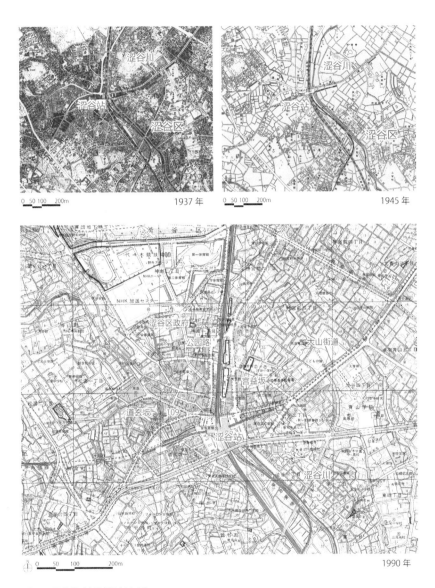

图 5-2 涩谷的变迁过程（其 2）

据说在大正时期进入昭和时期的过渡期，稻田区住宅化时，町村将河流作为废水路，开展了国家无偿分发地块利用和民间转让的活动。这一事件的经过在田原光泰的《"春之小川"为何消失》中有详细介绍。决定涩谷町的水流，通过暗渠和整修的河流下水化，因人们的生活经营消耗而消失。

享受城市风景的人们后来发现了地形的有趣之处，除宫益坡道和道玄坡道等这些从近代就持续沿用的地名之外，还通用着西班牙坡道和公园路等地名。

决定了涩谷地形的最大"Y"字形中，三个分支所交汇的地点形成了平缓的南侧斜面地形，比临壤的东西方向和北侧高地的地势还要低。这里变低的部分正好成为涩谷站前随意横穿的交叉路口。此交叉口的位置之所以在这里，虽说是正确地解读了其周边地形的结果，但却不仅限于此。设置新型城市基础设施的中心型设施——车站时，一般来说，选择人流汇聚的场所成为必要因素，同时保持与江户时代铺设的信仰之路——大山街道相匹配的距离也很重要。

表达地形边界的物理环境和规划时期带来的社会环境，这两者自行引导了新的规划形式。

2. 物理最低点的布局特性

（1）涩谷全向交叉口的奇特性

从涩谷站出来的人群，一部分在忠犬八公像前逗留，在地势最低的全向交叉口，人们如水流泉涌一般聚集而相互交叉前行，再向四面八方扩散，这种场景成为"东京风光"（图5-4）。

明明是地铁的银座线却被高架建筑物吸入。现在的车站大楼采用相对较低、较小的规模，在与其相对的繁华街道一侧，多条街道设置在高大密集的建筑物脚下，迎接来自四面八方的人群。

这样的风景，从车站的各个场所出来都能随即映入眼帘，从车站出来，总会有无意间驻足片刻、缓缓观望周围的人。在涩谷，能够发现无意识衍生出人类活动的情况。

车站和道路存在何种关系才能易于形成这种认识？答案便是涩谷的基本空间形态，它就像繁华街道的玄关口。此外，在地形最低点存在全向交叉口，包围了交叉口的人工地形是在顺应自然地形的过程中形成的。

（2）强化布局的特性

近年来，商业大厦的墙壁逐渐透明化。另外，采用屏幕数字影像的情况也逐渐增多。这些大厦都具有威严感，可以俯视全向交叉口。这里汇聚视线的不仅有全向交叉口，还有人在离车站更近的忠犬八公广场逗留，将目光汇聚于此。从车站一出来便能看到这样的场景。

这种空间体验与"变低"的全向交叉口的位置关系密切。"变低"指的是由于周围环境的增高，自身犹如处于井底一般，从涩谷站向城市移动的过程中，这种体验非常独特。特别是，大山街道作为全向交叉口的最低面，夹在道玄坡道和宫益坡道这两条坡道之间，这里汇聚了大量的来往人流。

全向交叉口中，"Y"字形下支最低点具有显著的空间特质，景观设计也意图强化此处"井底"之感。

并非为了慎重起见，才设计出这种景观。在环境与人类的相互关系中，顺应形势表现出空间特质，顺应成为设计和规划的条件。这样的条件下所形成的正是现在的风景。地形变得难以解读是题外话，不仅如此，我们敢说应该让解读空间意识化。否则，在以空间特质为基础设计的空间层面上下的功夫，会变得模糊且单一，恐怕只能为人们留下单调且平凡的空间体验。

3. 坡道和设施布局以及洄游性

（1）呼应奇特布局的建筑形态

反映涩谷地形的空间特质——"Y"字形街道，分为两股的交叉处视野非常开阔，出现了很多受这种地形条件激发而建设的建筑物。

作为本章开头所举出的例子，我们来看看"Fashion109"大厦。从涩谷站出来之后，Fashion109大厦对于各个方向的行人来说都非常惹眼。从上文提到的全向交叉口到银色建筑物的弯曲面的视野方向，以及地上部分的小广场与出口位置的引入人流方向，正是在这种顺应人们视野的角度方面下足了功夫。

（2）西班牙坡道的奇特性——开始的连锁构思

具有涩谷特征的坡道案例中属西班牙坡道最为典型，体现了清晰的地

图 5-3 涩谷全向交叉口

在涩谷站前的全向交叉口，能看到从车站前涌现了大量的人群又被反复吸入的双向流动情景。之所以能够强烈意识到这种流动，是因为存在从车站大厦内部就能够眺望到交叉口的视点区域。

图 5-4 涩谷站的布局以及坡道与区域的关系

涩谷站如图所示布局在最低点。因此，多条"Y"字形道路朝涩谷站方向汇聚。在宽阔繁华的涩谷的各个方向，出站人流和进站人流相互交错。这里作为人流起点和重点的车站与地形遥相呼应。

形。如果合并地形等高线的话，会发现西班牙坡道刚好垂直横跨等高线。即一条西侧的道路沿着地形取得高度，因而成为宽阔的坡道。然而这条坡道的坡度非常大，所以阶梯处理很有必要，这里聚集着瀑布一般的人群，带来了瀑布水潭一般的能量。

西班牙坡道不仅有物理方面的强度，还因为其社会背景使人们汇聚在此并形成繁华的中心地段。20 世纪 60 年代后期，在日美军设施"华盛顿高地"被返还时，涩谷区政府和涩谷公会堂移到设施遗址，之后进行重新整治。受此影响，在车站与此相连的街道中增加休闲漫步的乐趣也是规划策略之一。

"公园道路"的命名也彻底地表现出这种策略，从此派生出多种多样的街道，并与放射状的道路和以圆形街道为特征的坡道相连，两侧分散着不同个性的店铺。因此，被人们评价为具有洄游性的街道。

涩谷被认为是具有洄游性的步行街道，它还扩展了个性化店铺的营业范围，衍生出使人身心愉悦的空间。

（3）奇特的空间体验

具有洄游性的涩谷区，其关键特征是站与街相连。此外，到处都重复着"Y"字形构造，漫步在相互贯穿的涩谷地形中便可以感受到各个街角都具有不同的个性。

像这样，通过解读一个城市，地形和同时代的社会要求就会被反映出来，从而配置空间，这样形成的城市中连带的下一个空间也会随之被配置，我们能够理解其中的关系。在此过程当中，具备稳固特质的空间构造和地块特征贯穿在城市形成的各个阶段，发生巨变的涩谷的空间体验，成为只属于涩谷的固有属性。

二、"演绎"祭典场所

祭典期间，城市空间与司空见惯的街道形态并不相同。在祭典期间能够窥探到一个事实，即日常与非日常的共同存在就是集落的构造原理。促使这种日常与非日常的生活事件发生的是临时型装饰。通过使用布艺和植物、灯、山上的野生藤蔓等素材，加上匠心独运的设计，能够衍生出特别的祭典场所。让惟雄狮是表现日本文化特征的装饰手法之一。为了保证日常生活照常进行，城市空间又能成为舞台，正是采用了装饰的手法。

1. 解读祭典期间的空间替换

（1）在城市内部扩散的传统节庆

转眼又过了一年，祭典的季节又来临了。大约在这个时候，就会呈现出与平日城市活动完全不同的场景，因为祭典的舞台就设在城市内部。虽说是设置但也只不过是设置了一个临时舞台。只要城市中的一部分被视为舞台就可以。即便是平日里司空见惯的街道，只要是有祭典的表演者们聚集的地方，就会成为完美的舞台。传统城市节庆神田祭（图5-5）和浅草三社祭是关于神社和地域文化的祭典。虽然出抬神轿的方式多少有所不同，但是无论哪种，都在整个居住地扛着神轿游行。这时，城镇的各条街道就成为神轿的游行道路，呈现出宽阔的舞台。我们能够看到城市剧场的繁盛场景。

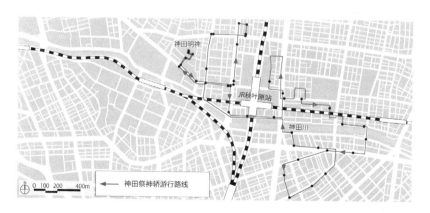

图 5-5 神田祭大神兴渡御

展开了使用神田整体街区的祭典之日。

（2）透过观看节庆的视角更加深入理解城市

　　演绎新的城市祭典盛况可行吗？在二战后的东京有很多以商业复兴为目的的城市祭典。为了贴合时代和场所，细节中利用了可变的传统祭典形式，使各个场所都能配合祭典活动。此外，还演绎出像商业街这样城市空间中独特的繁华，激发出了城市的潜能。

　　模仿仙台的七夕节庆，在 1954 年举办的阿佐之谷的七夕祭祀现场，从名为"珍珠中心"的蛇形拱廊街的天顶开始装饰各种各样的吊饰，呈现出人山人海的游客观赏的祭典胜景。商业街一侧的店铺与平日大相径庭，销售一些祭典用的商品（啤酒和食物等）。游客们在这里自行挑选，能看到一望无尽的蛇形街道上布满了星星点点的七夕节庆装饰。人们一边感受闭合天顶的拱廊中装饰物所营造出的繁华氛围，一边在街道上游览。这种向上的视角，在眺望七夕装饰的过程中，强调了人们对于蛇形街道特征的体验（图 5-6）。

图 5-6 阿佐谷七夕节

（3）多样的街道空间转变为舞台

一次祭典活动将一条街道中的多条道路视作舞台，通过这样的使用方式，强调了各个空间的特征。1957 年开始的高圆寺阿波舞（杉并区），当初仅将车站南口全长为 250 m 的珍珠商业街作为会场，之后祭典的盛况随着街道的发展而发展，演出的跳舞场所不断扩大。在 2007 年，在有拱廊的街道、人车共行的商业街、人车分离的商业街、站前广场、站前的主干道路上共规划了 9 个舞蹈场地，可容纳 70 多个"连队（舞蹈团队）"同时跳舞（图 5-7）。

虽说是演出场所，但并未设置通畅的舞台和座席。还有的以一般街道和商业街为舞台，形成"连队"在这里游行。宽阔的主干道路中设置了看台座席，

图 5-7 高圆寺的阿波舞

高圆寺的街道成为阿波舞的舞台。

舞蹈队伍以各种各样的形式组队，使人感到与道路相同的宏伟气势。另一方面，在幅度较窄的商业街上，舞者在围观的游客们之间穿行舞蹈，能够让人感到游客与舞者融为一体的亲密感。这样一来，平时被忽视的城市空间特点，通过祭典期间的阿波舞节，被更加明显地呈现出来。

2. 节庆祭典的形态传播

（1）明示了节庆祭典在城市空间中的可能性

借鉴高圆寺的成功，在东京23区的多条商业街也举办了同样的阿波舞节。其中之一便是大塚舞节（丰岛区），以大塚站前广场为起点，以具有平缓曲线的南大塚路为主会场举办节庆。这条马路的西侧街道扩展到商业街中心位置，有因宽阔的十字路口而被人们熟知的岔路。到了祭典期间，这里就成为舞蹈者们跳"圈舞"进行娱乐的内会场。仔细观察此场所，能发现这条马路选择在干线道路分出一条内侧岔路，不仅容易看到五岔口中心西高东低的地形，还能发现其中遮挡视线的封闭空间、稍微被扩充的街区角落分割，以及正面朝向岔路中心的商业设施等，充分具备了汇聚人群的空间资源。

（2）正式与非正式的呼应

像这样，将平日里错过的场所潜能，在祭典期间的城市空间场景中鲜活地描绘出来。虽说这种空间通过节庆和祭典，发掘了其中潜在的空间灵活利用的可能性，而另一方面，正因为这只是在祭典期间才有的使用方式，才能确保空间蕴含的魅力。

三、支持空间风格的继承

经济高度发展期后，城市规划中缺乏对人类感性世界的考虑，只将重点放在具备更多拟定功能的规划中。这样的空间，很难顺应时代变化。

而站在这种空间的对立面，在详细解读固有地块中布局特征的同时，会明确产生使布局和自然之间的关系精练化的空间。被设计还是不被设计，这

并非是对立关系，在产生设计的意义上，两者是相同的，但决定设计目的的
原则却完全不同。

1. 潜在的设计意图

（1）打造人工树林和繁盛的门前町

在东京市表参道，蕴含着非常强烈的设计意图。这是在大正时期建造的
通往明治神宫的表参道。表参道作为明治神宫的终点，向上有约3%的坡度，
是一条笔直的参拜道路。在二战之前，就被评价为"东京第一条公园街道"
或"近代城市的代表街道"。

表参道整个宽度为20间（约36 m），人行道宽度为4间（7.3 m），虽
然穿行的人流并不少，但也不用担心相互发生碰撞。被树冠遮盖下的空间里
隐藏着数不尽的榉树，树的宽度为15 m，高度为20 m。若观察航拍照片，
能看到宽阔的绿色林地，并从这里蔓延出的绿色轴线（图5–8）。

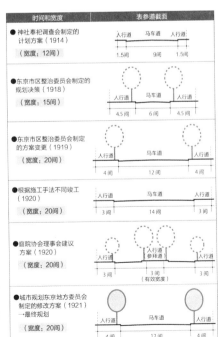

图 5-8 表参道图纸（永濑节治"明治神宫表
参道中近代行道树的成立过程"《景观研究》，
2010 年）

参拜道不仅具有梳理交通的功能，还是供奉
神社的空间以及提高神宫地位的象征性空间，
更是连接神社树木与城市的空间。本书曾详
细探讨过与之相应的设计。

　　漫步其中能够享受绿植的生命力和树干的粗犷。驻足在十字路口时，能无意中感受到表参道的冲击力。笔直的表参道与此处衍生的具有对比性的流线型岔路，形成了街角。岔路的流线形态明确传达出以往河流的余韵。平缓且呈水平方向的浪涛中蕴含着水流自然流动的轨迹（图5-9）。

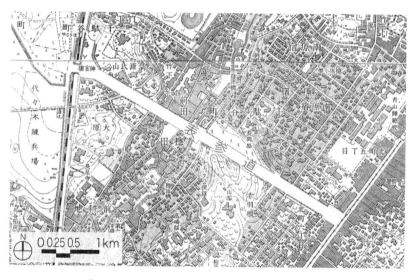

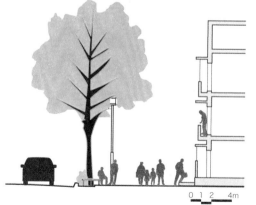

5-9 表参道步行空间（上·1921年测量图 100 000 : 1地形图《三田》）

朝着神宫上行方向平缓的斜面、榉树形成的绿荫、沿道路两侧丰富的建筑形态，演绎了无论在何处都很宜人的步行者空间。

（2）根据空间魅力形成的自然之城

表参道的外部空间中排布的一家家店铺，具备宣传店中高级商品的功能。很多店铺的正面给人休闲感，没有展示窗。从原宿站向 246 号线方向，沿着平缓的下坡下行，有很多被利用到的地方。继续沿着长缓坡道下行非常有意境。这些要素营造出激发人们前行的空间。

榉树已经生长得非常茂盛，不会让人感到人工制造的气息。虽然是精打细算设计出的空间，却丝毫不失质感。走在这里，并不会觉得是受到设计师的牵引，反而有一边随心所欲地行走一边欣赏风景的错觉。

有带来大自然感觉的人工树木，还有位于尽头作为繁华门前町的商业街，连接两者的参拜空间便是表参道，它是具有合适坡度的坡道。

可以说，前来参拜寺庙的参拜道路上的人共享了这种空间构成，这也是一种空间形态。

2. 共享集落的空间价值

（1）明确的生产空间

对于农村集落来说，最重要的场所是农业用地。新潟县柏崎市高柳町荻之岛是位于长且平缓的、朝东南下行方向斜面上的集落。虽然这里能够确保有沼泽水，但也仅限于平坦地区的山村。一到冬天大雪就铺天盖地。集落的共同活动极其繁多。直接关系到农业生产的，像用茅草更新房顶或铲掉积雪等活动，都非常繁重。尽管只有 30 户，但人口老龄化非常严重，空房屋在逐渐增加。然而最近却因茅草村而有了些名气，前来参观的游客逐渐增多。他们能够亲身感受到简易的集落构造（图 5-10）。

（2）对于集落而言最重要的场所

荻之岛中最有价值的场所是集落中心某块平坦且日照良好的区域。这里一直被作为水田使用。道路像包围水田一样迂回，且布局着一栋栋茅草屋。在这种环状道路的内侧，仅建造了和集落中心一样的特殊建筑物，在这里能

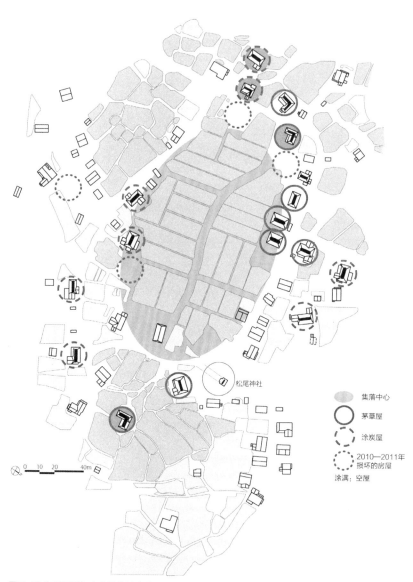

图5-10 布局田园与农家的柏崎市高柳町狄之岛集落（以《狄之岛区域协议会绘制的图纸》为基础重新绘制）

日照最好的土地作为田野，周边围绕着农家。即便是狄之岛集落，由于人口减少及老龄化也逐渐沦为空城。然而，这里并没有完全陷入困境，当地居民自发调查空蘑菇屋顶住宅的现状，并思考整修以及活用的方式。

够完全眺望到内侧的水田（图 5-11）。

　　东西方向的道路横切中心田地的正中间。沿道路两侧没有任何建筑物。沿道路的位置应该被利用起来，也许能看到不可思议的情景，这里是在 30 年前为了进行农耕而铺设的道路，农耕道路提升了中心水田的高度。

　　松尾神社位于环状道路的东北部。这里的参拜道路与环状道路垂直相交，从平缓的环状脱离出来，直接"汇入"神社境内，形成集落的顶端。

　　以往集落住户越来越密集时，一个环分成多个环，主要向西南方向扩散。然而随着住户数量的减少，位于外侧的民宅则逐渐转向内侧的空屋，整个集落的规模开始缩小。

　　集落并没有被强制或在法律规定之下移动，就好像其本身具有这种意图，时而膨胀，时而缩小。这种情况之所以发生，是因为集落共同体认识到共享对于土地的价值。最大限度地灵活利用其价值，是使集落本身和人类生活持续下去的最实际的方式（图 5-12）。

图 5-11 狄之岛集落正中位置的田野

日照最佳且地势稍微平坦的位置作为田野，还在周围建造了民宅，形成民宅中心区域。周围的斜面包围在田野外侧。

图 5-12 狄之岛公民馆张贴的居民笑脸照片

公民馆中张贴了狄之岛集落成员的各种照片。照片中有已故的人们，他们的笑脸似乎在对现在努力生活的人们诉说着以往的回忆。

3. 有助于避难的集落设计

（1）保证三角湾式海岸集落避难的空间

三角湾海岸的集落中存在着简单易懂的空间构造。从海滨到垂直方向延伸的高地处有道路，途中配置了神社、寺庙等宗教空间，以及经历了明治三陆海啸和昭和三陆海啸之后复兴计划中设置的小学等公共设施（图 5-13）。

当遇到灾难时，身体无法动弹且无法逃跑的情况该如何应对，我们绝不能忘记这一严肃的课题。然而，基于地域和之前复兴计划积累的经验，肯定存在具备易于避难这一特性的空间。接受海洋和山峰的自然恩惠，在曾经发生山崩的地点避难，合理布置能够遥望海面的高地，确保紧要关头时成为集合场所等，应该说，要确立以"不孤立以上任何一项的关系"为基础的空间构想计划（图 5-14）。

图 5-14 大槌町天照御祖神社参拜道入口和吉里吉里小学通学路

图中是昭和三陆海啸后复兴项目中设置的吉里吉里小学。经过一条笔直的坡道抵达小学。图片的右前方是天照御祖神社石阶参拜道的入口。

图 5-13 能够避难的集落设计（岩手县上闭伊都大槌町吉里吉里）

地中海式集落土地利用中蕴含着受灾经历。

当发生地震并引发海啸时，毋庸置疑人们有想要了解实际上发生了什么、接下来要发生什么的强烈欲望，还想去观察整体的场所。大家都知道集落中的神社和寺庙大多规划在高地（图5-15）。这里可以看到海啸袭来时的状况，有很多人为了看到大海的情景前往高地，也有部分人是为了避难而来。另外，位于高地的场所还成为人们逃亡之后再次聚集的重要场所。无论如何都可以说，设置能够诱发这些行为的神社及寺庙是避难式集落设计。这是牺牲了无数人的生命才创造出的珍贵遗产。

通常被提到的事实，是日常行动决定灾难发生时的行动。人们通常会马上想到前往平时来往频繁或熟知的场所避难，而很少跑到自己不熟悉的场所避难。

图5-15 从町方的大槌神社到大槌湾

大槌神社境内，能看到遭受海啸后牌坊尽头区域基本全部消失，以及高地的灯笼和树木的残留的样子。牌坊尽头，笔直的参拜道连接着低地的城镇和神社。

（2）"灾难之后也是地震之前"的认识

刚发生灾难之后，作为下一次震灾的准备，地震一发生必须马上避难的意识要增强。然而，人们经历灾难后如何淡化恐惧感，或者建造的防潮堤会使人类活动发生怎样的改变，非常有必要理清这些事实。若避难意识薄弱的话，必须要思考如何增强这种意识，同时要做好即便避难意识薄弱，也必须要不假思索地实现避难式集落设计。

4. 历史性事物的传承

（1）根据命名的意义传承

在论述曾是水都的大阪时，桥爪绅在其著作《"水都"大阪物语》中提到，汉字"港"是"水"中有"巷"，即强调了这是人们在水边发展起来的场所。港是水陆相接的场所，原本也被称作"水门"或"水口"，这种称谓表现出了物理性的空间形态。特别是在大阪，人们将"港"称作"滨"。

"滨"这个字能够让人联想到海滨沙滩，野本宽一在《神与自然的景观论》中写到，"滨"原本的含义是"秀间"，意思是引人注目的好地方。各种各样的事物孕育其中，不仅具有多样性，还是运输新文化的场所。滨也是港和海岸。

蕴藏在海岸的力量，通过人们不断诉说沿海岸线空间带来的舒适感，从而保证在这座城市中特有的人类活动，唤起人们对城市的热爱。

（2）小野川的记忆

佐原（千叶县香取市）是伴随以利根川支流小野川为基础，贸易逐渐发展形成的商业町和在乡町。近世时期，人们在沿着小野川被称作"栈道"的码头卸货。由于在正门口缴税，店铺延伸到了地块中的道路境外，仓库一般是设置在地块内部。尽管如此，在佐原偶然能看到沿着小野川建造的仓库。这些都是以小野川曾是物流干线为背景，曾大规模处理卸下的货物而繁华起来的例证。

　　"栈道"曾是人们在自家门前建造的产物，例如，在这里孩子们能够自由玩耍，河里有很多鱼儿，孩子们可以去捕捞小鱼。关于这样的记忆能从70岁以上的老人口里听到。据说一旦有人去世，便在特定的"栈道"处送殡。栈道的使用形式与生活密切相关，同时也存在其规则。

（3）事物带来行为再生

　　到了近代，船运断绝，上水道逐渐完善，污染小野川且事不关己的生活方式逐渐扩散，人类生活开始背离水资源。"栈道"作为废弃物被埋了起来。这些情况都拉远了人与水的距离。

　　然而，城镇保护运动盛行的过程中，随着对"栈道"重要性的重新认识，一些"栈道"得以复原和再生。

　　即便是现在，夏天来临时孩子们为了垂钓，会到临近河面的"栈道"，俯卧在这里（图5-16）。

　　此外，"栈道"的功能不仅只有一种，还有留出适当距离的分散布局，这很有深意。自己喜欢的"栈道"或自我领域内的"栈道"，以及经常用于垂钓的"栈道"等，乍一看虽然是完全相同的"栈道"，但对当地居民而言却具有各式各样的功能。

图5-16 在佐原小野川的"栈道"举行祭祀活动的游客

祭典时节，游客们站在沿小野川边被称为"栈道"的泊船场。"栈道"的阶梯成为从道路面下行安静休息时最好的座椅。另外，在桥、桥旁、桥突出的位置，各个视点和距离都能保持与小野川的关系。

（4）空间继承的文化观

祭典期间又变成另外一番景象，包括游客在内的人群会临时到"栈道"栖身，大口地吃着馒头或日式年糕。"栈道"处杨柳摇曳，会产生与平日完全不同的风景。临水、微风拂面，还能栖身等，这里具有很好的高差，是令人愉快的休闲场所。

加上地域中的文化含义，日本文化中的水象征着与时间一样流逝的事物。这为临水空间赋予了特殊的含义。在个别城市，沿岸的活动行为和空间虽然具有多样性，但使人回忆起这些象征地点的却是公共空间。

然而在大部分场合中，这种象征是为了起到另外一些直接功能而产生的另一种结果，我们最好留意这一点。围绕水边的直接功能发生了改变，人们在水边驻足的行为逐渐消失，凝视流动河水的机会也逐渐减少。这样一来，感受水的象征性含义也消失不见，失去本质的文化可能会消失。

四、构想力把"现在"作为历史时间

在强烈的设计意图下建造的空间，根据社会要求的变化而发挥作用，但存在缺乏功能性和合理性的情况。即便如此，从中衍生或延伸出来的空间，其背景中存在空间自身的突出魅力。

由于人们深爱着自己的城市，继承空间本身的同时，也开始了"空间保护运动"。

1. 街道空间的复原

（1）街区道路化

近代城市中的街道，大部分是遵循执政者的意见而规划。横滨市的日本大道也是在经历了大火灾之后，按具备防火功能的消防街道来规划，即，并没有采用原来为缓解交通而设定的道幅宽度。这些道路，按街道中休闲及社交等需求，设置露天咖啡厅的场所，奠定了现在的风景基础（图5-17）。

日本大正时期，道路法中曾包括道路构造令和街道构造令。"道路"是城市之间的道路、地方道路、马路或高速公路，而"街道"是城市内道路、大街、林荫道。"道路"和"街道"被认为是两种不同的事物。

城市夺回"街道"，最终只是在节庆祭典的时候实现。

图 5-17 横滨市日本大道的断面构成

作为防火规划的消防用地，宽阔的日本大道不具有外出的交通功能，布设着与此道路宽度匹配的近代建筑物，与行道树之间的空间也能供人们休闲之用。

（2）街道空间的再评价

近年来，"街道"的多样化利用手法与城市的丰富性具有直接联系的意识在社会范围内不断扩大。结果就是以露天咖啡厅为实践项目，在日本初期城市规划中受到好评的日本大道和街道正中间种满行道树的新宿 MOA 街中得到实现。

　　新宿 MOA 街能够让多个年龄层的人群在此共享欢乐。即，以混龄（mixture of ages）为总体规划，夹在巨大的新宿站东口区域和歌舞伎町这两个繁华街道之中。为了不让新宿 MOA 街在周围的繁华背景中黯然失色，种植了在新宿到处可见的榉树，衍生出强烈的空间特性。令人吃惊的是，这种方向性是由当地店铺的店主提出的。可以说，这种根据地域特点的强烈设计意图与现在的露天咖啡厅的设置有一定联系（图 5-18 ～图 5-21）。

　　在埼玉县川越市，部分地区被指定为传统建筑物群保护地区，在 20 世纪 90 年代末变更了城市规划规定的道路宽度，最终萌发出这种特殊的规划手法。

　　过去形成的空间被重新作为"舒适休闲的空间"。

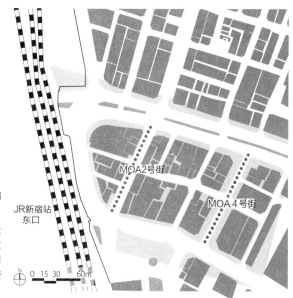

图 5-18 新宿 MOA2 号和 4 号街平面图

新宿东口和歌舞伎町这两大繁华街道之间的空间，通过规划对断面构成下功夫的街道，形成一个间隙空间，使区域固定下来。

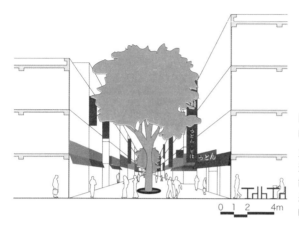

图 5-19 新宿 MOA2 号街的街道空间

正因为新宿有这一繁华街道，各个场所都致力于打造能看到榉树的街道风光，正是街道中央行道树排成一列的设计。

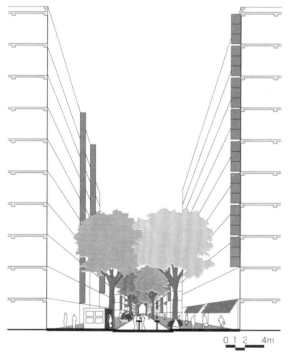

图 5-20 新宿 MOA4 号街的街道空间

两列榉树紧密相连，走在 4 号街的任何地方都能获得在榉树下的体验。路面上繁华的商店与人流相互交错。

图 5-21 露天咖啡厅的"试
验地"新宿 MOA 街

极其显眼的红地毯铺在繁华
的街区内。通过以各个店主
的强烈构思而打造的个性化
MOA 街为舞台，又打造出
更为独特的空间，不仅实现
了街道的交通功能，也转化
为滞留场所的空间。

2. 先前制度的转换

（1）城市构造的变迁

由于时代价值观的建立，制度与空间的联动丧失，先前制度被称作遗制。

这种"遗制"的转换不仅体现在道路或街道上，也运用在规划城市构造上。

近世的大部分城市，在进入明治时期时，在多起突发战争的影响下，以

及之后明治政府的拆除指令下消逝。1871 年（明治四年）的废藩置县，以及

1873 年（明治六年）的废城令，使规划设计的城市全部付之东流。

虽然城池尽毁，但环城河和城门、石墙，以及从城池眺望的视野等建立

城池的景观要素和空间构造却没有那么容易被毁坏。此外，深爱自己故土的

人们对城池的爱意也不会那么容易改变。城市的中心性非常明确。大部分的

城下町中，曾经有城池的周边空间作为市民公园用地，并在周围集中配置了

区政府等公共设施，成为建立新型城市空间的转换手法。

在骏府城（静冈市），县厅和税务局、地方法院、市民文化会馆、体育馆、

医院、小学、中学等都设置在外护城河的内部。这可以说是全面融入新功能

的地区再生手法。

另外，还复原了天守，进一步合并了动物园等设施，建立能够亲近市民的娱乐场所、公园设施等。这些利用手法，既保护了城市周边的向心性又使地域社会获得积极意义的评价。

（2）转换的哲学

然而，另一方面，随着近年人们对城市形成的高度关注，提出了在原有的城池地块中融入多元化设施的地区再生计划，产生了"这样到底是好还是不好"的疑问。也许在面向大多数市民而言的休闲场所中，我们必须加以关注能够充分感受，如：繁荣、灭亡、战争等重要特殊历史事件所带来的丰富的空间配置方式。同时，还必须关心能够感受从近代到现代的因时间积累产生的空间价值。

还有，城市本身并非只是场所，还要认识整个城下町总体构造的意义，最近这一点被多次指出。

我们来看看小田原城的总体构造。在中世时期北条氏管辖下关八州的城池构造中，融合了包括丰臣氏和小天原战争时配备的约 9 m 宽的沟渠河堡垒的近世城池遗留构造。匆匆消逝的时光里，总体构造中为固守城下町的所有人提供食物的田地至今依然风景秀丽。城郭的规模在视觉上让人们看到辽阔的未来共同体。在此，构想一下延续下去的城下町（图 5-22）。

从成为日本指定历史遗迹的三之丸外郭新堀土垒，能够完整地眺望到笠悬山上打造的石垣山一夜城景观，同时也能眺望到相模湾。让人们在回忆中体验作为防御要塞的眺望方式，在已经不需要防御的今天，这里作为位于总体构造边缘的外环城河的洄游路线，在此能够一边遥望沿河延伸的田野，一边感受城市布局的意义和地形（图 5-23）。

整治小田原市的三之丸外郭新堀土垒一带，打造了人与风景亲密接触的空间。

为监视敌军袭击的高地在视野通透的基础之上且与敌军保持安全距离，这是在原始时代就能让人们感到安心的空间（图 5-24、图 5-25）。

图 5-22 小田原城的城镇环境保护区域的区分以及保护区分图（以《历史遗址小田原城市古迹八幡山古城·总构保全管理计划（概要版）》为基础）

小田原城并未被牵扯到激烈的战争当中，布局在容易防守且视野通透的场所。总构中，不仅在紧急状况下具有保护侍卫、储备水粮的功能，其中还有种植蔬菜以维持生计的宽阔地块。

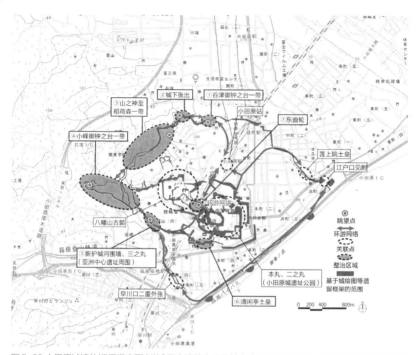

图5-23 小田原城镇的活用提案图（以《历史遗址小田原城市古迹八幡山古城·总构保全管理计划（概要版）》为基础）

小田原城镇不仅在近代，在之后也规定了城市构造。还讨论过活用这些遗留构造，创造更具魅力的提案。例如，一边在环城河边行走，一边感知城镇意义的构图。

图5-24 小田原城三之丸外城新堡垒到相模湾附近

能一览无遗从宽阔的广场到相模湾的风光，还能看到堡垒形状。明治时期设置了皇室的关联设施，战后规划了其中一个设有国际会议堂和研修所等的"亚洲中心"。

图 5-25 小田原城三之丸外郭新堡垒到一夜城笠悬山附近

图中从三之丸外郭新堡垒的广场，能看到早川越西侧面对的笠悬山。在这里，丰臣秀吉通过隐藏直线形的植物，建造了称作一夜城的石垣山城，相互之间视野通透。内部有双子山，右侧有细川忠兴为阵的场所。明治时期后这些风光秀丽的场所成为政界人士的别墅区。

　　今后，为了显现这种总体构造的价值，自治城市规划和景观规划联合，在有效的场所中引出空地，形成步行者的网格，且不断摸索不遮挡人们视线的合理建筑。

　　解读地形和周边的关系以及在明确的构想力下形成的空间中，充满了我们应去解读的意义。

第六章　印刻时间印记

人们在日常生活中意识到时间的方式并非只通过看时钟和日历，还能从每天的情景和变化的城市风景中感受到城市消逝的时光。城市是折射人生的镜子。

现代的城市建立在高度人工化的空间中，而太阳的移动、天气变化以及一年中的季节变化等，从根本上决定了城市环境，它们是赋予人们时间概念的主要因素。

人们在映射出时光变化的各种各样的城市情景中，能够确认自己的生活节奏和过程，还能在重复的日常生活中，偶然与鲜明的情景不期而遇。傍晚夕阳的街道能够唤起人们心中的某些感情，漫山遍野的红叶使人们感受到秋意的浓厚，谁都有过这些体验吧。

另一方面，随着时间的积累，城市本身也在变化。回到离开多年的故乡时，城市风景随着新的建筑和道路而变化，或者看到印象中的街道发生变化，能够切身感受到时光的流逝。在久违的城市中，再次与以往印象里的风景相遇，总会长舒一口气。超越时间流逝而留存下来的建筑物和风景，在唤醒了以往时代记忆的同时，还成为不同时代人们的共有资产。

能够感受到城市空间的形态栩栩如生的变化，构成变化的无数要素刻印在时间中，这些时间对比正是因为领悟到了不同瞬间的鲜艳色彩。在本章中，我们将探讨一下城市的时间和空间之间相互作用之中的构想力。

一、映射变迁

在日本古代，详细地解释了一年中有 24 个节气、72 个节候，同时还解释了随着时间的变迁带来的季节变化，看清城市空间中的这些"节气图像"，并反映出来，即，目前为止所论述的城市空间，指的绝不是固定的一个图像。即便是在同一个场所，随着一天的时光推移和季节变化会产生鲜明的"表情"变化，使空间中衍生出新的意义。正因为其背后蕴藏着空间构想力，我们必须要去发现并感受生活中清晰场景中的每一个瞬间。

1. 捕捉时间的光辉和变迁

汇聚人类的睿智而编织出的城市空间中，存在超越人类智慧的变化和情景。

城市中存在各种各样的"时间推移"。其中有反映了一天中时光流逝的日常光景和映射了季节变化的情景，还有唤醒历史记忆的风景。每时每刻都在变化的时间更替和气候变化是无法掌控的，这让人们重新感受到城市中魅力十足的场景。

（1）阳光变化映射出的时光推移

构成城市和集落的住宅是根据太阳的位置和高度（角度）布局。比如，朝南和朝东的房屋光线良好。根据这些原理建造的住宅群在以往的街道和新住宅用地中排列，在其中穿插着道路和人行横道、参拜道路等街道空间，还设置了图书馆和美术馆等设施。

无论在哪儿都有的街道风景会顺应阳光的走向而发生变化，其空间的"表情"也会发生各种各样的变化。由于光线的照射而显现出空间，同时加上在光线的照射下衍生出的光影结构，移动出的情景更加引人注目。在日本的大部分城市空间中能够发现，晴朗中的某种宁静，宁静中具有的某种华丽感，在日常生活中由于阳光的对比而加深了人们印象中的"演绎"。

在琵琶湖的湖岸边提出设置海滨公园的方案中，设计了四个被称作"海滨"的小饭馆和咖啡厅空间。以往作为供本地居民休闲的公园，从这里一眼就能眺望西北侧比睿山的壮阔峰群、东北侧草津方向水田地带的风景，但这里并非是活用了具有这些布局特征的场所而建造。

在公园这种禁止建设以盈利为目的的饮食项目的区域中，居然设置了咖啡厅，使步行者驻足的机会增加，使从公园眺望琵琶湖的行为变得普遍。水面随着潮汐和四季变化不停地变换颜色，形成了供人们欣赏水面映射光线的空间（图6-1）。

图6-1 琵琶湖畔、海滨公园的露台

以往作为附近居民散步场所的公园，随后作为中央地区的整治项目，衍生出以4栋餐馆建筑为核心的集散性较高的广场空间。

（2）占据城市的阴影空间：林荫道的作用

林荫道的英语是"avenue"，法语是"theatre"，是近代城市规划所凝聚出的巨大成果之一，还是象征城市印象的空间，发挥着举足轻重的作用。

东京表参道、仙台定禅寺路、波士顿的联邦大街、巴黎的香榭丽街、巴塞罗那的斜角路等，这些代表城市的林荫道的作用是使人感受到更加强烈的日照差。

大阪的御堂筋作为日本林荫道的代表，树木产生的林荫中强烈的日照被瞬间遮挡，透过树枝的阳光在地面上形成了别样的图案（图6-2）。树荫和摇曳的树枝，还有映射在人行横道和林荫道两侧的建筑物正面，或者与反射的地面上的阳光图案浑然一体，创造出了独特的空间。

另外，与相邻的船场之间的延续性，以及与中之岛的相邻性，以林荫道的形式赋予御堂筋多重的魅力。多样的城市魅力空间相互靠近，是大阪市现代城市规划的结晶，也成为体现当地政策及规划历史感的空间。

一直延续下来的榉树林荫道中，有东京市屈指可数且以景色优美著称的表参道。在这里，使用等间距种植的两列榉树形成的林荫，衍生出光空间和阴影空间共存的曼妙世界（图6–3）。从东南到西北的明治神宫方向的表参道上，清晨时在南北侧映射出树荫，然后慢慢朝着东北侧的道路两侧移动。光与树荫的混合形式与时间的推移一同变化着，而且还随着季节的交替变化着。

提高城市空间的情景感情，指的是注重保持着微妙距离感且相对布置的行道树和沿道路两侧的建筑物的关系。蒙上一层可控阴影的淡色系街道与正面的玻璃交织出的透明街区，沐浴在阳光照进榉树形成的绿荫和阳光中形成的树荫相互混合、移动的情景中，这种情景感情被最大限度地扩大。

图6-2 象征大阪近代的御堂筋

拥有足够的宽度和个性化的家具，且朝马路方向的店铺使道路充满生机，赋予御堂筋独特的魅力。

图6-3 表参道

表参道是传统的日本城市空间中使用玻璃和混凝土建筑演绎出的具有现代感的街道。在这条街道的林荫树下，给人现代与传统混合的感受。

（3）清晨和城市

清晨开启了城市。与清晨的太阳同时开始活动的典型例子就是市场。市场是洋溢着生气且面向市民的空间，现在也被传承下来，不少市场本身也成为城市身份的一部分。

由于有拱廊，在清晨阳光微微昏暗时向锦绣市场（京都）东侧走去的话，不久后阳光照射的锦天满宫就会映入眼帘。作为本土化空间的市场和作为神圣空间的锦天满宫的结构在周围的商业街中极其醒目。

清晨的太阳传统上是希望的象征。日本地名中大量使用"朝日"一词就是佐证。鹿儿岛市曾战火纷飞，其街道也多次遭受炮火袭击。战后的城市重建过程中，铺设了从县政府到海岸方向笔直的主干道路"朝日路"（图6-4）。

之后，随着县政府的迁移，朝日路被延伸，现今在道路两侧规划了中央公民馆（1927年竣工）和中央公园（战后复兴事业整治项目）。

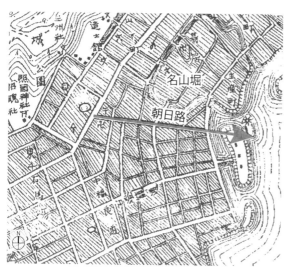

图 6-4 以鹿儿岛市政府为起点向樱岛延伸的朝日路（《陆军迅速测量图（1889年）》修正）

1877 年（明治十年）在岩村通俊的领导下，在修复战争中被破坏的鹿儿岛城中心的项目中，铺设了朝日路。

1923 年新闻中介绍过这条道路名称的由来，"旭路是从县政府前一直到海岸，一条直线通行的大马路上……这条道路由于能在旭日东升时直接受到阳光的照射，故因此得名"（唐镰祐祥：《天文馆历史 直到战败的足迹》，春苑堂出版，1992 年）。即便是现在，从眺望观景的层面上来说，它还是重要的城市轴线，以此形式在城市中刻画出清晨旭日的重要性。

（4）潮涨潮落改变海边风景

月亮的阴晴圆缺会改变潮位，能够反映出时间周期的自然现象。自古以来，在海港城市，渔业和商业往来中，如果利用湖边，其结果是必须设计能让人感受到水面变化的场所。

以等待涨潮的海港而著称的"鞆之港"（福山市），是自古以来被"つ"形曲线包围的海港城市，为了弱化涨潮，也作为船只的接驳装置，在岸边设置了栈桥。在消逝的时光中，潮起潮落中海港的风景也在时刻发生着变化。涨潮时，海浪温和地敲打着栈桥，演奏出悦耳的自然之音。落潮时，在夕阳西下时海底也随之显露，变成了孩子们抓螃蟹的娱乐空间。栈桥有时是海浪的休息地，有时也是人们的休憩场所。这也是一种"掌控"时间的装置（图 6-5、图 6-6）。

图 6-5 鞆之港的栈桥

在一天里潮汐潮落差异极大的鞆之港，根据潮汐的周期，栈桥露出水面的面积也不尽相同。潮落时的栈道成为孩子们玩乐的好去处。

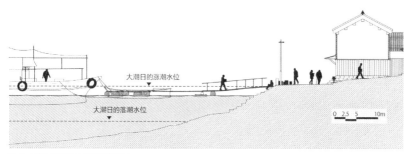

图 6-6 鞆之港的水边空间剖面

栈道和小巷空间。港口和道路的水面景观，根据时间的不同而变化。

2. 在城市里镌刻季节的变化

超越昼夜的时间长度，与季节性相关的空间能释放出更加特致的光辉。我们能够发现，在城市中孕育了镌刻瞬间或时间价值的空间构想力。

（1）预示季节的植物带来的风景

我们所生活的城市空间中，包括了温润季节下的花草树木，还印刻着时间。集季节变化与树木变化为一体的街区风情，只要有稍许变化就能让人强烈地感受到很多事物。

位于球磨川和其支流胸川的汇合点处，山峰位置是人吉城址，作为追忆相乐氏繁荣历史的城市空间，平时是一座容易被忽视的、宁静仁立的圣城（图6-7），但到了春天便摇身一变，沿着球磨川种植的染井吉野樱花胜景美不胜收，成为市民赏樱休闲的胜地，吸引了许多人前来参观，热闹非凡。人们原本意识里的中心地段，在樱花盛开的瞬间而幻化为视觉感强烈的地段。

大津市坂本，因里坊之町和穴太众积的门前町的存在而闻名（图6-8）。以比睿山为背景，从日吉大社的参拜道路能够眺望到随阳光照射水面而逐渐变化的琵琶湖。沿着里坊裙的门前町的街道和参拜道路所种植的樱花及红叶，成为包围琵琶湖的象征。秋末时节红叶飞舞、秋雨纷纷，街道被浸染成红色，预示着初冬时节的来临。街区的价值由于颜色的变换而再次闪耀出迷人的光辉。

（2）黄昏时分万物归为沉静

与预示着一天活动开始的旭日相对，黄昏暗示着时光向沉寂移动。被夕阳浸染后的街道景象是使人重新感受时光的场景。自古以来，夕阳印象有时也会成为地域的象征。利用视点选择，通过在城市空间插入日落方向创立场所印象的手法，能够成为今后城市建设的线索。

图 6-7 人吉城址

水面有时也是时间移动的镜子。例如松江市和大津市，在具有良好的临水空间的城市中，往往有眺望夕阳的场所（图6-9）。

图 6-8 里坊街道的大津市坂本

东京武藏野高地的东边，也有被夕阳笼罩的城市。具有情调的寺町和具有昭和风情的商业街现如今被完好地保留在谷中（台东区）。城市中心有谷中银座商业街。在车站到商业街方向的入口处，从高地正西方向下行的阶梯坡道被命名为"夕阳台阶"，这里被人们作为眺望夕阳西下的商业街的绝佳场所。城市的地形和方位将这条道路作为谷中的昔日回忆和永恒不变的象征。能够完好"捕获"自然产生的永恒不

图 6-9 眺望落日的湖边 terrance（松江市）
固定湖边道路印象的"时间"景象。

变的情景，这样的城市一定会魅力无限。

3. 景色瞬间印象化

城市空间一般来说错综复杂，有时作为风景来识别非常困难。特别是已经过去的昨天，在其结点无意中捕捉到的风景成为残像，这些残像逐层累积并在人们的心中沉淀。

（1）在城市中显现却随时光而消逝的移动风景

车窗便是例子之一。很久以前，车窗的风景就是论述城市风景的重要话题。这是因为不坐电车就绝对不会体验到向自身移动的视线和速度。无法捕捉到的车窗外流逝的残留风景，形成印象碎片，能够为一瞬间感受到的情景赋予意义，但消逝得极快。透过车窗可以意外地发现建筑群的缝隙中大自然所衍生的城市风景。

围着山手线环绕一周，在我们脑海中留下烙印的多样城市景观是与地形"交流"之后铺设的铁道所给予我们的"恩赐"。

不仅是电车，从汽车内的视野也一样。二战之后，东京市为了缓解交通混乱的情况，将城市空间的缝隙"缝补"起来，铺设了首都高速公路。克服重重困难而铺设的首都高速，利用了地形的长处，通过与高架、地下、旧沟渠等上下连接的方式，向人们展示了印象派画风的城市风光。

（2）水面的倒影所唤起的景观

在思考形式中，存在理解建筑和城市空间的"瞬间"。例如，太阳光和夜景在水边映射出的风景。

自古以来，赏月的绝佳地点就是湖边。"风景中八景认识"的起源是包围着琵琶湖的近江处，这绝非偶然。

"逆富士"作为鉴赏对象富士山本身，通过欣赏移入的倒影，能够看透时光流逝的壮观景象。

当然，不仅是观景的绝佳地点，在日常生活中稍微做一些修饰就能创造这种景观的尝试有很多。

在具有"魔幻时间"的日比谷环城河岸，商务区日比谷的实景在水面上摇曳，使其存在感更加强烈。在高楼大厦耸立的东京市中心，从释放出强烈存在感的皇居深处的森林和映射出包围了皇居庭院式绿地或石墙的护城河的组合中，能够发现山水城市的构想力。

另外，被雨水打湿的路面上，雨水作为一层薄膜瞬间化成一片水面。以首里金城町石板道和南禅寺三门前、神乐坂为首的石板道一旦被雨淋湿，阳光和周围的风景就会被映射到地面上，石板路上的石块会使氛围变得伤感起来。被水洼切出来的城市风景，使人们重新认识了无意中连接着的城市空间。

（3）点缀夜晚的"神态"

在无止境变化的时间当中，空间中释放奇异光辉的情况很多。夜晚灯火通明，虽然是以这种效果为目的的演绎手法，但根据季节的不同，也会让人们看到别具一格的"神态"，提高了空间孕育时间的价值。

在日本，先锋规划师石川荣耀将热爱闹市、以闹市为广场的规划设计理念作为城市规划的核心。这种规划思想本身尚未作为公认手法而得以广泛使用，但无意中的城市空间在夜晚时光中变化"神态"，能够增加城市的存在感。

二、记忆的重叠

积累历史的城市中，存在各种"时间印记"。在与时俱进、不断变化姿态的城市中，无法改变的场所、能够传承下来的风景都让我们注意到了土地的原貌和经历了各种曲折的城市。城市空间的记忆还与在此生活的人有斩不断的关系。存在将个人记忆重叠累积而交织成的集体记忆镌刻在空间的场所。这些场所能够唤醒不同时代的记忆，一边与现代的风景中和，一边与不断改变的事物形成对照，反映出城市空间的过去与未来。

1. 树木与地域的步伐

（1）守护城市的树木

有时，具有百年以上树龄的树木是土地历史的证人。道路两侧和地块的角落处葱葱郁郁的树木，也有很多树木作为城市中的地标展示其存在的情况。

日本的城市空间是由传统种植树木包围的住宅用地和境内空间发展而来的。其中能看到神社境内的葱郁树林和高树龄古树被神圣区域包围，这些树木成为重要的构成要素，在已经变化的街道中存在并延续以往特征，产生了具有厚重感的重要绿地。神社境内本身与以往地块相比，范围大规模缩小的例子虽然很多，但有些得以保留下来的树木向世人诉说着此处曾是神社境内（图6-10）。这种树木在捕捉城市空间形成的历史上，作为视觉上的线索发挥了重要作用。

另一个地块的代表是形成老城区重要场所的武士用地。其中的大部分地块在近代之后，土地利用整改向公共设施和居民用地方向推进，在此过程中，保留了百年古树和地块名称的例子也有很多。

在金泽市中心的旧石川县政厅正面有两棵名为"堂形之栗"的米槠树。据说这两棵大树的树龄高达300年，是在藩政时期设置了米仓和马场的城市临界角处种植的。1873年（明治六年）县厅转移至此地之后保留了这两棵古树，于1924年在竣工的旧县厅正面广场规划设计时将其规划进来，作为县厅的象征而增加了其价值，继续超越时间的限制而守护着世世代代的居民（图6-11）。

（2）景观树及行道树的来历

说起地块内的树木，大多数人能够看到的是道路或街道两侧种植的树木。路边的树木或行道树超越了国境和时间，而且与人类关系非常密切。

沿着东京的本乡路从驹入向飞鸟山行进，道路中突现茂密树林。在土堆上种植的树木将道路夹在中间，与西侧的事物呈现出对比性。这些树木是本

图 6-10 西宫的海清寺的大樟树

在西宫行政区一带，自古以来就有六湛寺等寺庙，至今保留的神社境内和行政区域中，某些角落能看到自古就存在的生长茂盛的樟树和银杏树等大型树木。

图 6-11 金泽的旧石川县厅和会堂形状的栗子树

这是重建后旧石川县政府的正面玄关，以及近年来具有"栗子树迎宾馆"的会堂形状的栗子树。虽然在金泽城对面的旧县政府后整修为玻璃样式的现代建筑，但沿道路两侧的外观倒是保留了下来，两棵栗子树风格别具的景观自大正时期以来一直延续至今。

乡旧时还被称作"日光御成道"时的里程碑。名为"二木榎"的里程碑，在大正时期的市内电车轨道项目施工时计划砍伐，但是因在附近飞鸟山居住的以涩泽荣一为首的本地居民的保护运动下而得以保留下来，之后被列为历史遗迹。现在这里虽然是后来重新种植的树木，但却孕育出人们尽力去保存昔日事物的故事，同时还传达了江户近郊的街道记忆（图6-12）。

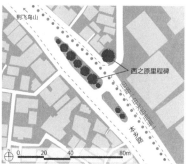

图6-12 东京市北区的西之原里程碑

街道两侧有一对里程碑，为了避开里程碑，两侧铺设的电车轨道被移除，1922年其被选定为国家历史遗迹，废除城市电车之后，即便在现在也夹在道路上下线中间，像是被绿色覆盖的小岛。

　　与神社境内相连的参拜道路的树木也是展现地域风情的散步场所。

　　朝八王子方向的京王线前行，从府中站一出来，位于左下方的绿色围墙便会映入眼帘。长达600 m的笔直的榉树行道树中间是名为"马场大门"的大国魂神社的参拜道路。这条道路的断面由两侧种植行道树且位于中央位置的马场中道、匝道东马场和西马场构成，据说两侧的马场直到幕府末期还存在"马市"。

　　它作为历史遗产的价值在大正时期的乡土保护运动中被重新认识，最近这里成为日本的"自然带来的纪念品"，且列为全国保护对象。行道树与开通铁路和街道化进程同时向机动车道转变，榉树却超越时空一直存留下来，成为车站前景观的重要元素，增添了历史意义（图6-13）。

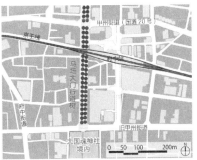

图 6-13 府中的马场大门的榉树行道树

其起源据说可追溯到日本平安时代。在城市化进程中，当地人为了保护此处的历史风貌做出了很多努力。1916 年在附近的府中站开工，1924 年被评为国家自然遗产。

　　明治神宫表参道上的行道树也是榉树，随着建造代代木的神宫，大正时期整治城市道路侧面种植行道树。榉树树冠可以伸展很宽，为当时闹市地区周边位置的神宫参拜者提供了荫凉，同时还形成了与当时规划中最宽幅度（20间）的近代时期大道相呼应的壮丽景观。

　　关东大地震后，沿道路两侧规划了同润会公寓，随着街道化进程的深入，于 1925 年被指定为风景区而被完好地保留下来。受到战争破坏，大部分榉树被焚烧，但在战后重新种植，随后由于商业聚集，为周边区域提供了作为新兴文化发源地而发展的良好城市空间（图 6-14）。

图 6-14 二战前明治神宫表参道（《庭院和风景》17卷 7 号，1935 年）

当初，从森严的参拜道层面以及按照城市规划中（市区整治）道路最大限度（20间）的近代林荫道整治要求出发，初次尝试种植了高大的榉树。作为现代东京商业区的其中之一表参道中所种植的榉树，成为此区域城市空间轴线的历史性体现。

在宫崎县政府前的街道之上有树龄超过百年的樟树群，形成了茂盛的绿色通道（图6-15）。1932年重新整治的县政厅作为城市的象征，同时奠定了宫崎市之后发展的坚固基石。

作为历史遗迹，不仅仅是城市空间，在市民的意识中根深蒂固的行道树在历经巨大变迁的城市风景中依然存在，一边维持着原有的景观，一边成为建设街道两侧方位的媒介，提供了城市活动的个性化舞台。

图6-15 宫崎县政厅的楠树

1933年（昭和八年）新县政厅（现存）竣工之际，作为县都形象的绿色通道，移植了原本在知事府种植的楠树。

（3）樱花树与场所继承

城市中看到的大部分树木，是根据人们的意愿种植的，树木往往会具有某些功能或蕴含某种意义。提供了茂盛树荫和温润感的林荫道或公园，成为人们聚集或分散的公共空间中不可或缺的要素。

另外，像"纪念植树"的命名一样，为了向后人传达历史而植树的行为，在小到住宅庭院、校园，大到公园的各种场所实施。城市空间的植树不仅仅记录了某时段发生的事情，还通过在特定场所植树使其特征化，这是赋予土地不同个性的行为。

春季短暂盛开的樱花树，是最具有象征性且融合纪念意义的树木。例如，河川改修后在堤坝或河岸的人行道种植一排排樱花树，不仅纪念地域历史上的治水事业，还被认为是打造亲民公共空间的巧妙设计。

在各个城市公园中种植的樱花树，可以说实现了将曾经象征传统据点的城郭转换为供市民休憩的场所的作用。种植樱花树之后，这里成为观赏樱花的景点，被大众认识和接受，镌刻了超越时代的历史。

沿着大阪的旧淀川（大川）边银钞厂的"樱花通道"，于1883年（明治十六年）以大名用地时期延续下来的樱花作为开端向大众开放。不久之后，人群汇聚时经过的樱花通道被战争破坏，之后重新种植樱花，并增加了樱花的种类。作为在地域中埋下种子的"春季史诗"活动，寄托了植树和对市民开放观光等记忆（图6-16）。

图6-16 大阪印钞厂的樱花通道

现在种植的樱花种类多达130种，到了4月，樱花从南门到北门装点了560 m的步行街。对岸的樱之宫公园中沿河川一带也种植了很多樱花树，成为从近代开始延续至今的赏樱胜地。

包含"樱花"的地名，其由来不仅与树木存在实质上的关联，也与通过植树而带来的风景创造有一定关联。之前的旧淀川沿岸处有"樱宫"，在此区域坐镇的神社境内看到的樱花树，使河岸公园看起来更加宽阔，成为这一带的风景特征。

另一方面，东京的23区以"樱"命名的地方还有很多，例如樱、樱丘、樱上水（以上属于世田谷区）、樱丘町（涩谷区）、樱川（板桥区）、樱台（练马区）等，都属于郊区的住宅用地。特别是世田谷周边的例子有很多，从大正时期到昭和初期的耕地整治后，根据人们的喜好种植了很多樱花树。

居住在郊区"新天地"（新城）的人们，通过种植樱花展现了对生活空间的期许。昭和时代开拓的西之丘住宅地（北区），网状街道上到处都飘落着樱花花瓣。大正时期开拓的新町住宅地（世田谷区），在绕着该区一圈的街道上种植的樱花树也成为此区域的特点，最近还被命名为"樱新町"。在同时代的上北泽住宅地（同区），聚集了各街区的动线，朝车站方向的主干道上也种植了茂盛的樱花树（图6–17）。日常生活的通道上种植的樱花行道树超越了时间概念，一直守护着居民共有的春之美景。

图6-17 上北泽的樱花树

关东大地震后规划的上北泽住宅街区，被分割出以站前路为中心的肋骨状特征的街区。住宅街区中心轴线种植的樱花树展现出春季的色彩，营造了以实现理想郊外生活而开发的近代住宅用地的氛围。

2. 城市形成的印记

（1）多时代共存的街区

街区传达了时光流逝中持续新陈代谢的城市形态。与不同时代下的建筑共存的风景诉说了跨越多个时代的生活形态。现代街区中有很多神社寺庙或历史建筑。在各地也能见到保留下来的建筑物被注入新生命力而被利用的例子。延续历史建筑物和构造物的意义，也在年代的多重性中反映了顺应时代的地域生活（图6–18）。

作为人类生活容器的建筑物，顺应了生活的要求和社会的变化而发展。某一时代建造的住宅有时也为了顺应在这里生活的家族构成或社会生活的变化而扩建。

图 6-18 山梨县北杜市旧津金学校的三代校舍

北杜市须玉町的旧津金学校与跨越了明治、大正、昭和三代的校舍相连，直到1985年作为小学而使用至今。现在，于1987年（明治八年）竣工的仿西式的明治校舍（右）是资料馆，大正校舍（中）是农业体验馆，昭和校区则用作餐厅和面包房，成为此区域的交流中心。

　　庄川上流山岳地带相邻的白川乡（岐阜县）和五箇山（富山县）以名为"人字形"的当地独有的民居而闻名，构成集落的建筑群呼应了各个时代的社会环境，展示了人字形房屋在不同发展阶段（图6-19）户型的多样性，但其并非仅作为学术性价值，这是经历了漫长岁月之后，集落持续生存且直至今日人们还在此继续生活的确凿证明。

图 6-19 南砺的相仓集落的佛手形民宅的发展阶段

五个山地区域（富山县南砺市）以前分布的是较宽阔的佛手形民宅，由于从大正时期到昭和时期的社会生活的近代化和电源的开发，大多转变为茅草房，汇聚的民宅群所留下的只有相仓和菅沼两处集落。由这两处集落能够解读出从近代至今的佛掌民宅的变迁过程。图片从左到右，依次是原始形态的巢居式、佛手形、两层茅草屋、两层瓦茸屋（旧茅草屋）。

　　从日本近世到近代作为商业都市而发展的城市中，保留了许多表示不同年代繁盛时期的建筑物。川越、佐原、高冈、仓铺等，即便是作为传统建筑保护街区的商业街区，构成街区的建筑物年代也不尽相同。与商业传统区域共存的同时，近代的银行、事务所、公共建筑也共同存在于同一区域，这便具有了规模的统一性，但从素材、形态、工艺来看却多种多样，传达出关于商业的近代记忆（图6-20）。

　　经历了战争和开发的大城市中，映射出朝着新时代转化的街区。

　　以江户时代的商业繁荣为基调，引领了大阪市中心近代商业、工业发展的发展，其中之岛、船场周围是云集传统建筑物的代表区域。高层大厦林立的现代城区中存有历史风貌，像被称作"中之岛门面"的公会堂和图书馆等公共建筑，以及开口区域周围分布的具有顺应时代的艺术气息的写字楼建筑等，都是从明治、大正时期开始建造的（图6-21）。还有北滨区域的适塾和小西邸等江户时代的商业和住宅也得以保存下来。作为这些街区的表情而保留下来的建筑中，近年来的城市再生中有不少都消失了。

图6-20 高冈的山町筋的街区

构成高冈中心商业街的山町筋街区，以1900年（明治三十三年）火灾后建造的土仓结构商家为基调，由1914年（大正三年）建造的红砖银行大楼和招牌建筑风格的商家，以及从明治中期到昭和初期经济发展中留下印迹的年代不同的建筑群构成。

图6-21 复原保存下的旧大阪股票交易市场大楼的玄关部分

1935年（昭和十年）竣工的大阪股票交易市场大楼位于难波桥附近的堺筋和土佐堀路的交叉口，玄关口的曲线形式的排柱式规划是印象派的新古典主义风格，成为北滨金融街的地标建筑。新办公楼的项目继承了昭和初期一部分的外观和内装。

建筑体现城市的存在价值且丰富其个性，道路和区域经历时代变迁，成为多个时代的建筑并存的街区，作为经历了几个世纪的反复扩建后反映城市生活的舞台装置，使市民和游客的记忆得以持续。

在同样的意义上，复原消失已久的历史建筑能唤醒市民的记忆，同时对城市而言是极其重要的再生目标，会发现其公共价值。

（2）城市的年轮

阶段性的城市形态，能够反映出街道的形态。西欧城市中，封建时代的城墙内侧形成的高密度街区，在19世纪以后，随着城墙的取缔而开放，在外侧发展新街区的例子较少。即便在日本，以近世创建的老城区，经过几次发展项目而扩建，近代时期的铁路开通项目中增建了站前的街区，这些都是发展过程中的典型事例。

"新町""新开发用地"等地名，体现出这是相对既存街区而开拓的新地区，也有"明治町""昭和町"这些体现了诞生时代的地名。还有大部分街区的扩建经历明确表现了区域和地块的划分情况。形态的差异不仅体现在空间的形成阶段，还向人们展示了各个时代如何重视空间条件以及奠定城市基础的依据。

我们来看看富山湾对面能登半岛的下侧、小矢部川和庄川的河口附近的港町、伏木的城市形成。万叶自古以来就设置国府，日本战国时期作为胜兴寺的门前町、近代作为北前船（贸易船）的停靠站而繁荣，明治之后发展为近代港湾城市、工业城市。这些城市经历，有以称为"古国府"的胜兴寺为中心的寺町以及保留了与海岸线相连的近代街区分割的港町，还有前方铺设的铁路和被河流夹在中间的工业地区以及昭和初期耕地整治下衍生出的网格状城市街区等，形成鸟瞰街区的俯视地图（图6-22）。

另一方面，能在地区水平的渐进开发项目中发现不同时代的街区形态差异。

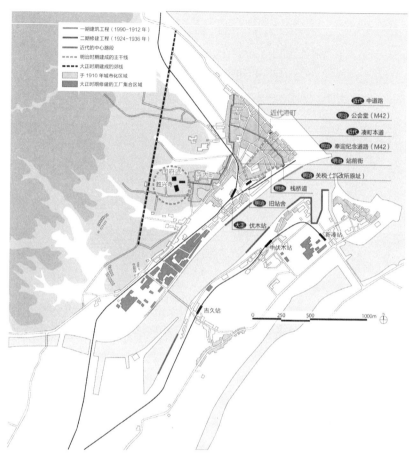

图6-22 高冈的伏木街区的形成时期

俯视伏木(富山县高冈市)街区,能够解读出以从东侧山边到连续的山丘地和河口中间的地形为基础,从近代到昭和初期港町发展过程中形成的多层城市构造。

　　例如,在东京,武士用地和寺庙用地等比较大的地块在近代开发过程中,存在从空间构成中体现城市形成经历的场所。在文京区本乡的住宅区西片町,阶段性地进行住宅用地开发,构成位于高地位置的不规则旧房用地的街区,和明治时期沿中山道划分的正方形街区,在被高地环绕的以住宅区为中心的昭和街道上,街区方向的多样性很明显(图6-23)。

图 6-23 本乡的西片町的阶段性开发

以福山藩阿部家中屋地块发展而来的西片町（东京市文京区）住宅街，与学校（诚之舍）和西片公园等公共空间同阶段开发。以直到 1964 年转化为以"i·ro·ha"为代表的住宅区为基础解读的话，明治时期开发的"ni·ho·he"沿街道具有方向性，"i"是昭和时期之后的开发地带，与布局诚之舍的"ha"街区为界限空间轴线并不相同。特别是"i 的新开发地"的十字形区域安设着大型私宅，形成独特的风格。

　　街区用地的不同形态，在各自的时代背景下，因追求不同的地形和空间条件而衍生出来。每个时期因不同理论而产生的城市空间，随着时代的变迁而多层次组合，形成了今日的城市空间。这种街区的"年轮"会产生富有特点的区域，游客能够唤醒城市的历史记忆。空间的年轮是设计具有多样性城市的重要线索。

3. 灾难和创造

城市遭遇袭击的灾难和灾难过后的重建轨迹是市民共同的城市记忆。复兴不仅是在以往的状态上恢复原本形态，还是重新构筑城市的创造性行为。

（1）防火城市的成果

在时常发生地震或台风等自然灾害的日本，火灾频繁袭击木质建筑密集的城市，如喜多方或川越等，各地留下的土仓结构街区，以明治时期火灾复兴项目为契机，因其耐热性能受到好评而不断普及。

在以"仓之城"而著称的喜多方，近代开始使用灰浆涂层，铁道建设项目以及使用炼瓦等，形式丰富的土仓使这片土地风景特征明显（图6–24）。

1923年9月的关东大地震时，巨大的火灾扩大了受灾地区，城市防火被确立为防灾规划的基本法则。其中，东京的复兴事业中，小学使用钢筋混凝土进行防火，而且一并规划了公园，作为灾害时的避难地点，而平时则作为社区中心使用。在大正末期到昭和初期建设的现代化校舍，作为周围环境的地标建筑与人们关系亲密，直到现在还有很多校舍在继续使用（图6–25）。

作为城市防火对策，还有消防用地。虽然大多规划为宽阔马路，但这不仅仅是为了防止大火蔓延才确保宽敞的空间。以札幌的大通公园为代表，加上创造性的修建，在日常生活中展现积极作用的例子也有很多。

饭田市中心的行道树，孕育了饭田市的同时，对市民来说具有特殊价值。1947年4月，在大火之后中心街道70%的建筑被复兴重建，在作为防火带而整治的宽幅道路前方，当地的学生描绘了硕果累累的苹果树的情景。学生们全体出动去植树，种植的苹果树经过长年累月而形成的苹果行道树，经历了停车场整治以及老树移植等多重阻碍才保留下来，在街道风景和市民心里扎下了根。春天绽放出白色的小花，秋天结下红色的果实，苹果树象征着市民们携手共创美好生活的步伐（图6–26、图6–27）。

图 6-24 喜多方的小田付地区的藏之町街区

在乡町发展的喜多方，以 1880 年（明治十三年）的火灾为时间节点，建造的土仓逐渐普及，据说直到现在从市内到农村还存有 4000 余栋土仓。除了利用为仓库和店仓，还作为酿造业的储存库、工厂、座席、厕所、寺院等，表现出喜多方独有的风土人情。

图 6-25 震灾复兴小学（中央区立泰明小学）

由于关东大地震，当时东京市 196 所小学中，有 117 所学校损坏，于是开展了作为帝都复兴事业重要环节的小学复兴项目。其中 52 所学校设计了一体化校舍和公园，钢筋混凝土的校舍中采用了崭新的设计方法。在现存的 19 所校区中，11 所小学保留下来，或转为其他公共设施等，展开了保存和活用地区历史遗产的活动。

图 6-26 饭田的苹果树

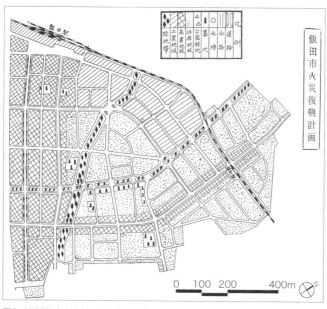

图6-27饭田市火灾复兴计划(出处《城市规划中看到的复兴饭田市表情》饭田市，
1950 年)

苹果行道树并非是在火灾复兴后的城市规划项目图纸上构想出来的。城市复兴规
划中描绘了将饱受摧残的饭田城市设计为拥有宽阔主干道路以及绿化带的防火城
市蓝图。此外，当地的初中生描绘了被果实压弯的苹果树，证实了城市复兴的确
孕育出实现这种梦想的新态势。

（2）克服战争带来的灾难

因国家或民族纷争而引发的战争，为城市和居民带来苦难，战后城市的复兴必须能提供战后居民生活下去的希望。

名为"杜之都"的仙台城市景观代表定禅寺路，就是战后复兴项目的结晶。由于战争，大部分老城区到中心街区都被烧毁，在复兴之际，按过去的区域划分，东西、南北向疏通了宽幅道路。其中在宽度 46 m 的定禅寺路上，在两侧人行道和中间散步区域的绿色地带上共计种植了 4 列的榉树行道树，打造出连接两端的公园和绿地的绿色隔离带。榉树茂密的绿荫和枝叶与雕刻了花纹的散步道同时为道路两侧提供了城市文化创造的基础，很大程度上赋予人们举行如爵士演奏或彩灯等现代市民文化活动的场所（图 6-28）。

广岛的复兴计划中，被太田川分为两路的中岛地区作为象征中心，宽度为 100 m 的和平大道成为复兴计划的基准线。在和平大道和太田川河岸空间中，连续规划了相对宽敞的绿地。

在中岛地区的公园规划中，采取同和平大道垂直相交的形式，通过对岸留下的以爆炸毁坏过的建筑物为焦点的象征性轴线。在这片土地度过青春期的建筑师丹下健三，具体实现了祈求安宁的城市空间，且他在 1946 年就开始开展复兴计划。和平纪念公园于 1954 年竣工，这只是城市再生的起点。

 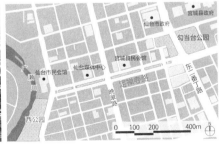

图 6-28 仙台市定禅寺路

"自然之都（森之都）"原本是以藩政时期以来被茂盛住宅林覆盖的街区形式而得名，与复兴街道中种植的榉树行道树一同为街道景观带来了新气象。

和平大道于 1957 年至 1958 年汇集了日本全国各地的树木和树苗，通过全市人民的双手开展绿化。在计划作为公园用地且住宅密集的基町地区，于 20 世纪 70 年代建造了立体住宅和具备城市功能的划时代的高层公寓。到了 20 世纪 80 年代，太田川两岸实施景观建设，并计划与周围的山峰相互协调，近年来开始建设露天咖啡厅。复兴计划中描绘的水边和绿地成为现实，在持续提高使用价值的同时，还让世人看到了不断成熟的城市姿态（图 6-29）。

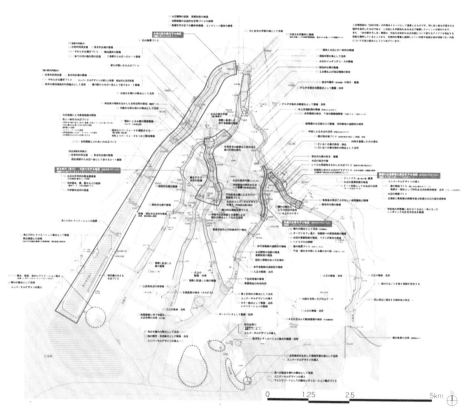

图 6-29 "水之都广岛"构想图（国土交通省，广岛县，广岛市，2003 年）

具备景观美感和亲水性的太田川整治项目，指的是在昭和 50 年代从相生桥上游的基町防潮堤到和平公园周边的元安川防潮堤整治。历经 20 世纪 90 年代的"水之都整治构想"、2003 年的"水之都广岛构想"，在市民生活中成为和平城市周围的精品亲水景观项目。

（3）应对自然灾害的建设

相对于战争灾难，如果在某片土地上扎根就必须要面对自然灾害。构成日本列岛地域的板块上，存在台风等气候所带来的灾害、沙尘暴灾害等，数十年乃至数百年间发生过地震、海啸、火山爆发等。

以前，例如对于大部分地域所直面的台风、海啸灾害，可以通过构建堤坝以及种植树木或改变土地高低差解决，其中使用了通过一定的水源导入而保护生命和财产的技术。直到近代，虽从西欧引入的治水技术在日本扎根，但巨大的灾害有时会使集落或地区本身发生大规模转移或进行空间重置。

相对于受自然灾害影响的空间历史中，在一片地域艰苦生活后得到的启发更让人铭记，其中饱受海啸袭击的集落或城市空间中，蕴含着知晓大自然威力的日本祖先们向后人传达的信息。

在三陆沿岸的寺庙区域中，我们可以解读出为确保作为宗教用地安全而选择在高地建设以及提供灾害时避难场所的智慧。经历明治和昭和时期的大海啸之后，大部分集落都建立了"大海啸纪念碑"，实施居住用地向高地转移的集落有很多。1993年（昭和八年）海啸后的城市复兴，引入了现代的城市规划技术，山峰一侧开辟避难路，制订了汇聚在高地的住宅用地复兴计划（图6-30）。

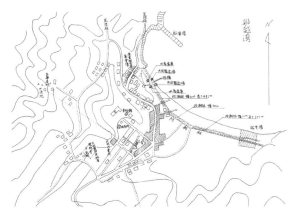

图6-30 大槌町吉里吉里新渔村建设规划图

岩手县大槌町吉里吉里地区因昭和时期三陆大海啸而流失了多达70%的住户，在受灾开始四个月后制定了"新渔村建设规划"。实施住宅用地向高处转移，还配备了养蚕场、作业场、集会场所等公共设施，转型为以产业组合、渔业组合为中心的自营集落。

然而，以这些过去的教训为基础的地域空间的构成，在与追求生活便利和经济发展碰撞的过程中坍塌，也被人们逐渐忘却，以致被新灾难覆盖的历史一次次重复上演。在让人记忆犹新的东日本大地震中得到的教训并没有转化为对自然灾害的记忆，而是促进重新构想并唤醒人们意识中的城市空间，这些教训具有继续传承下去的重要性。

以"稻村之火"的故事为例，被日本全国人民熟知的纪州广村（现和歌山县广川町）滨口梧陵的事件，成为建立长期防灾思想的根据。故事的标题是在安政南海地震大海啸时，为了让当地村民去高地上的神社避难而在稻苗上放火而来，而故事的核心则是灾难之后的应对行动。

梧陵是为村民提供房屋或渔业用具而加设的，是为了应对今后再次遭受海啸袭击，通过投资私产、雇佣村民等方式，用时四年修筑了堤坝。高度约 5 m、基础宽度约 20 m、长度约 600 m 的新型堤坝（广村堤坝），在中世出现的防波堤石墙之后建造，坡面种植了木蜡树，前方作为防潮林还种植了松树。海岸线上形成防洪景观的堤坝，于 1946 年昭和南海地震海啸时为了防御灾害而建造（图 6-31）。

然而，更重要的是，150 年前在梧陵建造堤坝具有社会性意义，同时还在地域中留下绵延不断的记忆。每年 11 月为纪念梧陵的功绩，在祈祷地域安全的堤坝上，有遍布土堆的"海浪祭"，除了庆祝堤坝存在超过 110 年之外，近年来还举行再现安政大海啸时为避难而单侧点火把的"稻村火祭"。

居住在广川的人们的防灾意识在祖辈留下的堤坝遗产中孕育，在传承下来的过程中培养而成。现今意识到人工防洪构造物的局限，为了不失去防范海啸灾害的本质，集结了各种各样智慧的地域防灾故事在现实空间中被编织着。

图 6-31 和歌山县广川町的广村堤坝

在堤坝中央地区的海边，1933 年建造了"感恩碑"，成为每年 11 月举办津浪祭的舞台。广村堤坝于 1938 年被评定为历史遗迹，成为广川町地域防灾的象征。如今扩建了港湾和街区，旨在预防海啸。

4."土地"孕育的时间

（1）不可撼动的山

在 70% 的国土为山地的日本列岛，大部分的城市在山峰包围的布局中发展而来。山峰自古以来就是人们信仰的对象，同时也成为传承的对象，还成为每天的晴雨表。茂密的森林滋养了水源，养育了木材和山峰，成为风土的"阵地"。

地域风景中不可欠缺的山峰在人们的乡土意识和内心风景中根深蒂固。传言在盛冈市度过青春时代的宫泽贤治，就是因为盛冈市靠近岩手山而培养了他的创造力。曾经生活的故乡即便发生巨变，背后的山峰容貌也继续赋予城市或地域稳定的风格。

将身边的山峰作为空间形成的线索，这一手法以近代江户时期见到的"靠山位置"为首，各地中都能看到很多例子。六甲山位于六甲山系的东端，从西宫市内的多个场所都能看到，自古以来在坐拥神灵之地的同时，即便在近代开发项目中也成为表现地域性的源泉。昭和初期开发的"甲阳园""甲东园""甲风园"等住宅用地也正如字面意思一样，在以六甲山为中心的地区建设。在东山脚下建造的关西学院大学校区，作为象征的时钟台将背后的甲山风光一并收进，创造出大门空间的轴线（图6-32）。能够展现自古以来的记忆以及四季表情的山，使这些地域空间走向成熟的步伐如同合奏低音的旋律一般，持续提供了使其稳健的基调。

即便到了现代，山峰也是历史悠久的城镇建设项目的中心。从由布院站下车，正前方悠然耸立的由布岳山的姿态。由布院盆地涌出的温泉，是活火山由布岳山对人类的恩惠，盆地中星星点点地分布了自古以来传承了山岳信仰的神社和寺庙。车站前延续的道路被命名为"由布见路"，正因为从盆地的任何地点都能享受眺望山峰的乐趣，在这片土地生活的人们都以此山作为心灵的归宿。

被由布岳山包围、自然资源丰富的盆地具有宁静感，作为在"空间""寂静""绿地"中布局的由布院城镇建设的源泉而被重视，通过当地人的加工锤炼，吸引了对这里的风土存在共鸣的来访者。向由布岳眺望，能让人们产生继续保持这片土地价值的意识，可以作为象征而被流传（图6-33）。

图 6-32 纵览西宫的关西学院大学和甲山的学园花路

以大学的时钟塔和背后的甲山为轴线，当地居民亲手种植樱花树，这样的印象景观已经传承孕育了 80 年以上。

图 6-33 从由布院站前眺望由布岳

在由布院站正面延长出站前街，为了看清山峰，离由布岳最近的盆地中设置了大弧线道路。向乡土据点由布岳眺望，映入眼帘的是出站人群。

（2）盛满时光的水面

覆盖在盆地街道的浓雾让我们发现了靠河城市的风景。水作为人们生活的资源，水边记录了当地人的故事。将支撑城市的水边空间可视化，让人们在日常生活中也能够切身感受，这无论是对于自然的敬畏还是继承了以往恩惠和教训而言，都尤为重要。

以"细流之路"进行城镇建设的三岛市，以具有象征性的源兵卫川为首，是被富士山的伏流水围绕的城市。到了 20 世纪 60 年代后期，三岛市涌泉的减少和环境的恶化持续加剧，不久之后"细流之路"作为以市民为主体的环境保护及再生项目的舞台。到了 20 世纪 90 年代之后，启动了由市民、企业、行政部门共同携手的"地上工作"形式的项目，行政部门倡导"街道是细水长流的工作"，着手开展重新寻找水边空间的城镇建设。

在这些活动的原点中，能够意识到在历史遗产中祖辈们将自然赋予人们的水资源融入建设当中。布满了富士山涌泉的乐寿园，其内部的小滨之池、白瀧公园和菰池等的涌泉是自然遗产，从小滨之池流淌的河流，是室町时代的贵族寺尾源兵卫为了灌溉周围村落而开辟的，其命名也正源于此。

在 1953 年，冰冷的涌泉由于太阳光的照射而温润，为了作为灌溉稻田的水源，在源兵卫川南端整治了中乡温水池。新的温水池也成为市民们活动的舞台，可以眺望到尽头处作为水源来源的富士山，还成为与河水流淌的土地紧密相连的象征性场所（图 6-34）。

图 6-34 静冈县三岛市的中乡温水池

在 20 世纪 90 年代整治步行街和自然防潮堤，根据三岛市景观条例，此场所还被定为眺望景点，兼具美化景观和眺望三岛温泉景观的功能，成为市民的休闲场所。

自古以来水边空间通过多数人的努力，使稻作正规化的同时，为了灌溉土地而建造了蓄水池。它在干旱的濑户内海沿岸发展起来，现如今，在兵库、大阪、香川等地能看到很多蓄水池。其中的缘由可以追溯到奈良时代，周围的土地利用在不断的变迁中，一点点改变形态的同时也在继续传承，成为地域景观特征化的重要因素。

岸和田市八木地区的久米田池是由8世纪时的高僧行基建造并延续下来，其西侧伫立着持有"隆池院"名号的久米田寺。这座寺庙是在久米田池掌管之下，于同时期建造，观赏水池的位置还排列着壮丽的僧院。现在成为农业用水的供给来源，饲养鱼群的池子周围被指定为风景区，与市民建立起亲密关系。为了感谢开辟水池的行基，在周边地区，每年10月人们都会抬着13台轿子，举办参拜久米田寺的"行基参拜"，池子水面成为摇晃行走的轿子的背景，这成为超越上千年的地域历史现象（图6–35）。

图6-35 岸和田的久米田寺和久米田池

大阪府内面积最大的久米田池，行基高僧在这片水资源丰富的土地上毅然决然实施项目的历史故事，诉说了发源地的经过而流传至今。

（3）传承并恢复"土地"的思想

将包围生活的土地自然环境作为地域存在而受到重视，这种思想自古以来就存在。被神圣化且禁止砍伐的森林以及神社树木便是其中的一个典型。这些原本应该存在于使城市集落免于自然现象或灾害的影响，以及维持生计等与生活切实相关的基础当中。这些树木不知不觉地成为土地的象征，在风景中逐渐固化。

城市化进程的地域自然环境，在地形上成为被动开发而传承的情况很多（图 6-36）。置身于这些街区扩大的波澜中，保护地域中身边自然风景的思想，在日本近代城市规划初期以具体风景的形式在全国各地普及。保护包围城市的风景区，也是向后人传达以往该区域绵延的风景和城市基底中风土的形式（图 6-37）。

图 6-36 住宅区包围的世田谷区的等等力溪谷

武藏野原野中形成的等等力溪谷是以往风景和绿植等珍贵的自然绿地，由周围区域住宅化变迁而来。

近代，能看到重塑城市中消失的风景的解决方案。流过东京西郊的野川汇聚了武藏野高地边缘的国分寺崖线的丰富涌泉，灌溉了周边空间扩散出的农村。二战后的城市化进程中，为了治水实施了岸边整改项目，曾作为提供生活用水的城市河川。近年来，随着水质的逐步改善，实施了以市民为中心的名为"排水"的保护自然岸线工程，在多种自然河川整治工程和引入的调节池中创造出生态区、恢复田地、保护活动等，再生了孕育多种生物的风景（图6-38）。

图 6-37 芦屋川和芦屋公园的松树

在阪神间住宅城市中著名的芦屋地区，由于明治后期的阪神电轨疏通项目，在白砂青松风景包围的海岸打造了别墅区，随后逐渐打造融合了黑松风景的海滨住宅区。大正时期作为芦屋川游乐场开拓的芦屋公园呈现出以往在海岸扩散的松树林风景。

图 6-38 在小金井野川第一调整池打造的蓄水池

在野川，以第一、第二调整池为中心，从 2006 年开始着手自然再生事业，打造了田地、湿地、蓄水池等，保护和再生了自然生态系统。

　　人们还尝试恢复在城市海岸线残留的稀有潮浸区。包围了江户川河口处的填充地区的三番濑正是其象征。随着在临海区域开发填海工程，面向保护、再生的方向被切断，实施了包括市民、专家、行政团体共同携手的应对方案。在向极度人工化发展的东京湾，我们能够从孕育了丰富的鱼贝类、称作水岛的潮浸区风景中发现，重新构造与以往多种生命活动的海边时光和人类生活关联的预兆（图6-39）。

　　近代之后，高速发展的城市空间的建造技术向我们宣告，之前在悠久的土地生活面对自然灾难时是多么无力，如东日本大地震。由于海啸袭击，海浪从海岸中冲出席卷街区和港湾设施，正是大自然发出的警告。

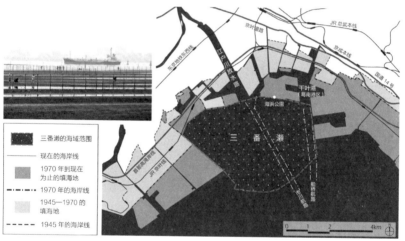

图6-39 开展填海建造项目的东京湾内部留下的千叶市三番濑

以往孕育了丰富渔场的东京湾潮浸区，由于20世纪60年代后工业化进程和填海，90%的区域已消失。在成为宝贵潮浸区的三番濑，从20世纪90年代以千叶市为中心实现恢复生物多样性和渔场，以及保护亲水性空间等项目。

在持续确保生活空间的基础上，必须构建谋求与自然共生的城市空间。与大海的边界区域，是思考人与自然共生的基本象征（图6-40）。持续保护及再生海边和低湿地这些原有的自然环境，必须要提高构筑生活环境的技术和方式。同样也向我们传达了，近年来大暴雨带来的大规模石砂灾害和城市、集落、山峰之间的结合形态与自然灾害的形态具有很深的联系。从太古时代延续的大地生活时，人们尽可能地尝试实现安定的居住环境。然而，小看自然不可抗拒之力的空间构造无法保障生活区域的持续性。我们必须学习祖辈们敏锐地观察沼泽、细流、高角度斜坡等空间中潜在危险，在现代生活的我们也必须掌握与自然共处的方式和思想。我们认为探索城市空间的下一个构想力应该以进一步应对城市与自然环境之间的关系为基础。

图6-40 大槌町吉里吉里的海岸风景

作为近代富商和渔业主活跃的前川善兵卫据点而闻名的大槌町吉里吉里地区，在渔村形成的空间中涌现了与海相关的祭祀、乡土艺能、独特的方言等，还孕育了具有丰富地域性的生活文化。被认为千年一遇的2011年大海啸冲垮了海边的居民小屋，勾勒出平缓弧线的海边空间之外，从西北方向能够眺望到地中海式半岛包围的船越湾和成为海边地标的鲸山。在持续的复兴进程中，力求向世人传达地域风土原点中的海岸线和山峰景致，以及丰富自然环境的智慧和技术。

后　记
对设计城市作品的规划

　　城市到底是谁的作品？虽然本书中贯穿的观点是"城市并非是谁的作品"，甚至可以说贯穿了"城市是在不同时代下以及不同设计师们的意图与规划的积累下共同创造的作品"的观点。然而，我们眼前的城市空间充满了各种各样的故事。城市设计正是详细解读城市空间的故事，并继续描绘和规划的行为。共同创作作品时，该如何应对他人的意图和设计？城市规划师经常会面对这样的疑问。本书为如何应对做出提示，为了不错过一丝一毫，完全掌握城市空间产生的所有信息，本书将这些观点以"城市空间构想力"的概念来阐明。归根结底东京大学都市设计研究室只是归纳了城市和城镇中发现的种种现象。读者们在读完此书后，再去重新观察各自所在的城市时，一切又是新的开始。在各个城市发现的特有的构想力，不仅丰富了发现的过程，还丰富了各个城市空间和建筑空间。希望胸怀大志的建筑设计师和景观设计师、城市规划师，将本书中图解出的城市空间构想力作为各自做建筑、景观、城市设计时的线索，并加以活用。同时，还希望更多人参与到从城市发现城市空间的构想力本身的过程中来。

　　然而，并非"城市是谁的作品"，甚至是"城市规划师是谁的作品"，应该更要去思考构想力的本质。通过本书，为我们引导出的答案是"城市规划师是城市的作品"。我们在人生中的某个时间节点因对城市的憧憬和迷恋而产生了规划城市的志向，经历了作为居民在各个城市度过了漫长的时间和作为游客（作为专家）对于丰富多样的城市持有的好奇心和疑问，产生了应该如何创造城市的想法，不，是孕育出构想应该如何创造城市的能力。我们所提到的"城市空间的构想力"，其实是我们自己对于城市的看法，并非是从城市本身获取。而我们本身是在城市中孕育成长的。"城市空间的构想力"也是孕育城市规划师的力量。城市规划师不要只停留在"城市并非是谁的作品"这一观点上，应该从自省自己就是城市中的作品之一的观点出发，对城市保持谦虚的态度。而且，将"城市是在多个时代在不同人的意图和计划的积累下共同创作出的作品"的观点深入自己的内心。

我们想通过本书对孕育了我们且情感丰富的城市空间表达感激之情。而且，我们希望以后眼前这座规模越来越大的城市成为孕育对城市有憧憬和迷恋的城市规划师们的母体，为此，我们将毫不吝惜我们的努力。

中岛直人

执笔人简介

东京大学都市设计研究室

此研究室以西村幸夫教授为首的六位教师和超过四十名以上的研究生为中心，在日本国内外进行城市设计研究和实践工作。随着 1962 年东京大学工学部城市工学系的创立，新设了城市规划第二讲座，通称为城市设计讲座，并一直保持。历代研究室的核心人物是丹下健三、大谷幸夫、渡边定夫等知名教授。1997 年，随着研究与实践领域的扩大，改名为城市设计研究室。现在，在日本各地的自治城市、地区和市民的协助之下，展开了城市设计和城镇建设项目，至今为止还获得 100 多个学术相关大奖和设计竞赛奖。研究室以亚洲各国留学生为主，他们毕业后活跃于国内外城市设计的第一现场。

西村幸夫

1952 年生于日本福冈县。毕业于日本东京大学工学部城市工学系，获得博士学位毕业。曾在日本东京大学担任副教授和教授，现担任东京大学先端科学技术研究中心担任所长一职。期间在美国麻省理工大学以及美国哥伦比亚大学担任客座研究员、法国社会科学高等研究院客座教授。著作有《城市保护计划》（东京大学出版社）、《西村幸夫风景论笔记》《西村幸夫城市论笔记》（以上均为鹿岛出版社）、《城镇建设故事》（古今书院）等。共同编撰著作有《城市风景计划》《日本风景计划》《城市美》《从胡同到城镇建设》《证言·城镇建设》《证言·城镇保全》《风景的思想》（以上均为学艺出版社）、《学习城镇建设》（有斐阁）、《城市的观察方式·调查方式》《城镇建设学》（以上为朝仓书店）等。

中岛直人

　　1976 年生于日本东京。毕业于日本东京大学工学部城市工学系。曾担任日本庆应大学环境信息学部专职讲师、副教授，现于东京大学研究生院工学系研究科担任副教授。著作有《城市美运动　西维克艺术的城市计划史》（东京大学出版社）、共同编撰著作有《城市规划师石川荣耀　城市探索的轨迹》（鹿岛出版社）、《建筑师大家正人的工作》（艾克纳斯）等。

永濑节治

　　1981 年生于日本岛根县。毕业于日本东北大学工学部建筑系，获得日本东京大学研究生院工学系研究科城市工学专业博士学位。曾于日本东京大学先端科学技术研究中心担任助教，现于日本和歌山大学观光学部任副教授。主要论文有"关于以昭和战争前期时僵原神宫为中心的空间整治项目的研究"等。

中岛伸

　　1980 年生于日本东京。毕业于日本筑波大学第三学群社会工学类专业，获得东京大学工学系研究科城市工学专业博士学位。曾担任练马城镇建设中心核心研究员、东京大学先端科学技术研究中心特任助教，现于东京大学研究生院工学系研究科担任特别助教。主要论文有"战灾复兴土地规划整理项目后的街区设计和空间形成现状相关研究"等。

野原卓

1975年生于日本东京。毕业于日本东京大学工学部城市工学系。曾于（株）久米设计、东京大学研究生院担任助手及特任助教、先端科学技术研究中心助教，现于日本横滨国立大学研究生院城市革新研究院担任副教授。在岩手县洋野町、福岛县喜多方市、神奈川县横滨市、东京市大田区等进行城市设计实践活动。共同编撰的著作有《世界的SSD100城市持续再生的关键点》（彰国社）等。

窪田亚矢

1968年生于日本东京，毕业于日本东京大学工学部城市工学系，获得美国哥伦比亚大学研究生院历史环境保护专业硕士学位。曾于（株）ARTEP公司从事城市设计工作，担任日本工学院大学建筑城市设计学科讲师、日本东京大学都市设计研究室副教授，于2014年开始在东京大学工学部城市工学系地域设计研究室、工学系研究科复兴设计研究体担任特聘教授。著作有《激活区域的纽约市设计》（学艺出版社）等。

阿部大辅

1975年生于美国夏威夷火奴鲁鲁。毕业于日本早稻田大学土木工学系，获得日本东京大学研究生院工学系研究科城市工学博士学位。曾于日本政策研究大学院大学、日本东京大学研究生院建筑学专业担任特聘助教，现于日本龙谷大学政策学部担任副教授。著作有《巴塞罗那老街区的重建战略》（学艺出版社），共同编撰著作有《地域空间的包容力和社会持续性》（日本经济评论社）、《可持续性城市再生形式》（日本评论社）等。